10일에 완성하는 영역별 연산 총정리

바빠
연산법
시리즈

이지스에듀 교육연구소, 최순미 지음

바쁜

3·4학년을 위한

빠른 뺄셈

한 번에
잡자!

한 권으로
총정리!

- 받아내림이 있는 뺄셈
- 덧셈과 뺄셈의 관계
- 덧셈과 뺄셈의 혼합 계산

바빠

이지스에듀

지은이 징검다리 교육연구소, 최순미

징검다리 교육연구소는 바쁜 친구들을 위한 빠른 학습법을 연구하는 이지스에듀의 공부 연구소입니다. 아이들이 기계적으로 공부하지 않도록, 두뇌가 활성화되는 과학적 학습 설계가 적용된 책을 만듭니다.

최순미 선생님은 영역별 연산 훈련 교재로, 연산 시장에 새바람을 일으킨 ≪바쁜 5·6학년을 위한 빠른 연산법≫, ≪바쁜 3·4학년을 위한 빠른 연산법≫, ≪바쁜 1·2학년을 위한 빠른 연산법≫시리즈와 요즘 학교 시험 서술형을 누구나 쉽게 익힐 수 있는 ≪나 혼자 푼다! 수학 문장제≫ 시리즈를 집필한 저자입니다. 또한, 20년이 넘는 기간 동안 EBS, 디딤돌 등과 함께 100여 종이 넘는 교재 개발에 참여해 온, 초등 수학 전문 개발자입니다.

바쁜 친구들이 즐거워지는 빠른 학습법 – 바빠 연산법 시리즈(개정판)

바쁜 3, 4학년을 위한 빠른 뺄셈

초판 발행 2021년 9월 15일
      (2014년 7월에 출간된 책을 새 교육과정에 맞춰 개정했습니다.)
초판 5쇄 2024년 12월 15일
지은이 징검다리 교육연구소, 최순미
발행인 이지연
펴낸곳 이지스퍼블리싱(주)
출판사 등록번호 제313-2010-123호
주소 서울시 마포구 잔다리로 109 이지스 빌딩 5층(우편번호 04003)
대표전화 02-325-1722   팩스 02-326-1723
이지스퍼블리싱 홈페이지 www.easyspub.com   이지스에듀 카페 www.easysedu.co.kr
바빠 아지트 블로그 blog.naver.com/easyspub   인스타그램 @easys_edu
페이스북 www.facebook.com/easyspub2014   이메일 service@easyspub.co.kr

본부장 조은미   기획 및 책임 편집 김현주 | 박지연, 정지연, 이지혜   교정 교열 김민경
표지 및 내지 디자인 정우영   그림 김학수   전산편집 이츠북스   인쇄 보광문화사
영업 및 문의 이주동, 김요한(support@easyspub.co.kr)
마케팅 라혜주   독자 지원 박애림, 김수경

ISBN 979-11-6303-284-7 64410
ISBN 979-11-6303-253-3(세트)
가격 9,800원

알찬 교육 정보도 만나고 출판사 이벤트에도 참여하세요!

1. 바빠 공부단 카페
cafe.naver.com/easyispub

2. 인스타그램
@easys_edu

3. 카카오 플러스 친구
이지스에듀 검색!

• **이지스에듀**는 이지스퍼블리싱의 교육 브랜드입니다.
  (이지스에듀는 아이들을 탈락시키지 않고 모두 목적지까지 데려가는 책을 만듭니다!)

"펑펑 쏟아져야 눈이 쌓이듯, 공부도 집중해야 실력이 쌓인다."

교과서 집필 교수, 영재교육 연구소, 수학 전문학원, 명강사들이 적극 추천하는 '바빠 연산법'

같은 영역끼리 모아서 집중적으로 연습하면 개념을 스스로 이해하고 정리할 수 있습니다. 이 책으로 공부하는 아이들이라면 수학을 즐겁게 공부하는 모습을 볼 수 있을 것입니다.

김진호 교수(초등 수학 교과서 집필진)

'바빠 연산법' 시리즈는 수학적 사고 과정을 온전하게 통과하도록 친절하게 안내하는 길잡이입니다. 이 책을 끝낸 학생의 연필 끝에는 연산의 정확성과 속도가 장착되어 있을 거예요!

호사라 박사(분당 영재사랑 교육연구소)

단순 반복 계산이 아닌 이해를 바탕으로 스스로 생각하는 힘을 길러 주는 연산 책입니다. 수학의 자신감을 키워 줄 뿐 아니라 심화·사고력 학습에도 도움을 줄 것입니다.

박지현 원장(대치동 현수학학원)

고학년의 연산은 기초 연산 능력에 비례합니다. 기초 연산을 총정리하면서 빈틈을 찾아서 메꾸는 3·4학년용 교재를 기다려왔습니다. '바빠 연산법'이 짧은 시간 안에 연산 실력을 완성하는 데 도움이 될 것입니다.

김종명 원장(분당 GTG수학 본원)

단계별 연산 책은 많은데, 한 가지 연산만 집중하여 연습할 수 있는 책은 없어서 아쉬웠어요. 고학년이 되기 전에 사칙연산에 대한 총정리가 필요했는데 이 책이 안성맞춤이네요.

정경이 원장(하늘교육 문래학원)

아이들을 공부 기계로 보지 않는 책, 그래서 단순 반복은 없지요. 쉬운 내용은 압축, 어려운 내용은 충분히 연습하도록 구성해 학습 효율을 높인 '바빠 연산법'을 적극 추천합니다.

한정우 원장(일산 잇츠수학)

수학 공부라는 산을 정상까지 오른다는 점은 같지만, 어떻게 오르느냐에 따라 걸리는 노력과 시간에도 큰 차이가 있죠. 수학이라는 산에 가장 빠르고 쉽게 오르도록 도와줄 책입니다.

김민경 원장(더원수학)

빠르게, 하지만 충실하게 연산의 이해와 연습이 가능한 교재입니다. 수학이 어렵다고 느끼지만 어디부터 시작해야 할지 모르는 학생들에게 '바빠 연산법'을 추천합니다.

남신혜 선생(서울 아카데미)

3

취약한 연산만 빠르게 보강하세요!

덧셈과 뺄셈을 잘해야 곱셈과 나눗셈도 잘할 수 있어요.

**수학 실력을
좌우하는 첫걸음,
덧셈과 뺄셈**

초등 수학의 80%는 연산으로 그 비중이 매우 높습니다. 그런데 수학 문제를 풀 때 기초 계산이 느리면 문제를 풀 때마다 두뇌는 쉽게 피로를 느끼게 됩니다. 그래서 수학은 사칙연산부터 완벽하게 끝내야 합니다. 연산이 능숙하지 않은데 진도만 나가는 것은 모래 위에 성을 쌓는 것과 같습니다. 연산 중에서도 가장 기본이 되는 덧셈과 뺄셈은 그냥 할 줄 아는 정도가 아니라 아주 숙달되어야 합니다. 덧셈과 뺄셈이 수학 실력을 좌우하는 첫걸음이 되기 때문입니다.

**"사고력을
키운다고 해서
연산 능력이 저절로
키워지는 않는다!"**

학원에 다니는 상위 1% 학생도 계산력이 부족하면 진도와는 별도로 연산이 완벽해지도록 훈련을 시킵니다.

수학 경시대회 1등 한 학생을 지도한 원장님조차도 "연산 능력은 수학 진도를 선행한다거나, 사고력을 키운다고 해서 저절로 해결되지 않습니다. 계산 능력에 관한 한, 무조건 훈련 또 훈련을 반복해서 숙달되어야 합니다. 연산이 먼저 해결되어야 문제 해결력을 높일 수 있거든요."(성균관대 수학경시 대상 수상 학생을 지도한 최정규 원장)라고 말합니다.

덧셈과 뺄셈이 흔들리면 곱셈과 나눗셈도 느려집니다. 안 되는 연산에 집중해서 시간을 투자해 보세요.

구슬을 꿰어 목걸이를 만들 듯, 여러 학년에서 흩어져서 배운 연산 총정리!

또한, 한 연산 안에서 체계적인 학습이 진행되어야 합니다. 예를 들어 뺄셈을 할 때 받아내림이 없는 뺄셈도 능숙하지 않은데, 받아내림이 있는 뺄셈을 연습하면 연산이 아주 힘들게 느껴질 수밖에 없습니다.

초등 교과서는 '수와 연산', '도형', '측정', '확률과 통계', '규칙성'의 5가지 영역을 배웁니다. 자기 학년의 수학 과정을 공부하는 것도 중요하지만, 연산을 먼저 챙기는 것이 가장 중요합니다. 연산은 나머지 수학 분야에 영향을 미치니까요.

4학년 수학을 못한다고 1학년부터 3학년 수학 교과서를 모두 다시 봐야 할까요? 무작정 수학 전체를 복습하는 것은 비효율적입니다. 취약한 연산부터 집중하여 해결하는 게 필요합니다. 띄엄띄엄 배워 잊어먹었던 지식이 구슬이 꿰어지듯, 하나로 엮이면서 사고력도 강화되고, 배운 연산을 기초로 다음 연산으로 이어지니 막힘없이 수학을 풀어나갈 수 있습니다.

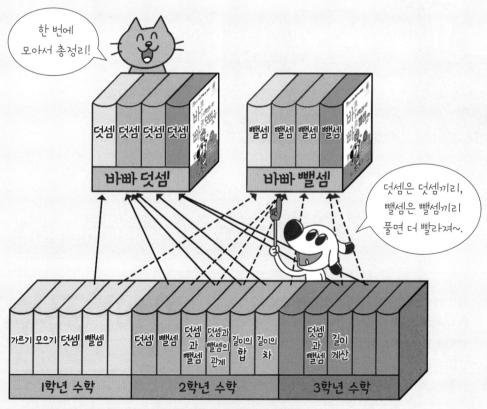

덧셈만, 또는 뺄셈만 한 권으로 모아서 집중 훈련하면 효율적!

**펑펑 쏟아져야
눈이 쌓이듯,
공부도 집중해야
실력이 쌓인다!**

눈이 쌓이는 걸 본 적이 있나요? 눈이 오다 말면 모두 녹아 버리지만, 펑펑 쏟아지면 차곡차곡 바닥에 쌓입니다. 공부도 마찬가지입니다. 며칠에 한 단계씩, 찔끔찔끔 공부하면 배운 게 쌓이지 않고 눈처럼 녹아 버립니다. 집중해서 펑펑 공부해야 실력이 차곡차곡 쌓입니다.

'바빠 연산법' 시리즈는 한 권에 24단계씩 모두 4권으로 구성되어 있습니다. 몇 달에 걸쳐 푸는 것보다 하루에 1~2단계씩 10~20일 안에 푸는 것이 효율적입니다. 집중해서 공부하면 전체 맥락을 쉽게 이해할 수 있어서 한 권을 모두 푸는 데 드는 시간도 줄어들 것입니다. 어느 '하나'에 단기간 몰입하여 익히면 그것에 통달하게 되거든요.

1주일에 한 번씩 공부했더니 다 녹아 버렸네?

날마다 30분씩 연산을 공부했더니 이렇게 쌓였어!

10~20일 안에 풀면 한 권을 푸는 데 드는 시간도 줄어듭니다.

바빠 공부단 카페에서 함께 공부하면 재미있어요!

'바빠 공부단' (cafe.naver.com/easyispub) 카페에서 함께 공부하세요~. 바빠 친구들의 공부를 도와주는 '바빠쌤'의 조언을 들을 수 있어요. 책 한 권을 다 풀면 다른 책 1권을 선물로 드리는 '바빠 공부단' 제도도 있답니다. 함께 공부하면 혼자 할 때보다 더 꾸준히 효율적으로 공부할 수 있어요!

왜 '바빠 연산법'인가?

학원 선생님과
독자의 의견 덕분에 더 좋아졌어요!

'바빠 연산법'이 개정 교육과정을 반영해 새롭게 나왔습니다. 이번 판에서는 '바빠 연산법'을 이미 풀어 본 학생, 학부모, 학원 선생님들의 의견을 받아 학습 효과를 더욱 높였습니다. 이를 위해 학생이 직접 푼 교재 30여 권을 다시 수거해 아이들이 어떻게 풀었는지, 어느 부분에서 자주 틀렸는지 등의 실제 학습 패턴을 파악했습니다. 또한 아이의 학습을 어떻게 진행했는지 학부모, 학원 선생님들과 소통했습니다. 이렇게 독자 여러분의 생생한 의견을 종합해 '진짜 효과적인 방법', '직접 도움을 주는 방향'으로 구성했습니다.

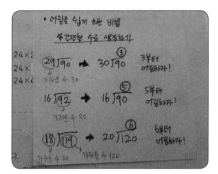

수학학원 원장님에게 받은 꿀팁 수록!

실제 독자가 푼 '바빠 연산법' 책을 통해 학습 패턴 파악!

✪ 우리 집에서도 진단 평가 후 맞춤 학습 가능!

집에서도 현재 아이의 학습 상태를 정확하게 진단하고, 맞춤형 학습 계획을 세우고 싶다는 학부모님의 의견을 반영하여, 수학 학원 원장님들이 자주 쓰는 진단 평가 방식을 적용했습니다. ▸▸▸ 13쪽

✪ 쉬운 부분은 빠르게 훑고, 어려운 내용은 더 많이 연습하는 탄력적 배치!

기계적으로 반복하는 연산 문제는 풀기 싫어한다는 의견을 적극 반영하여, 간단한 연습만으로도 충분한 단계는 3쪽으로, 더 많은 연습이 필요한 단계는 4쪽, 5쪽으로 확대하여 더욱 탄력적으로 구성했습니다. 기계적인 반복 훈련을 배제하여 같은 시간을 들여도 더 효율적으로 공부할 수 있습니다.

선생님이 바로 옆에 계신 듯한 설명

무조건 풀지 않는다!
개념을 보고 '느낌 알면서~.'

개념을 바르게 이해하지 못한 채 생각 없이 문제만 풀다 보면 어느 순간 벽에 부딪힐 수 있어요. 기초 체력을 키우려면 영양소를 골고루 섭취해야 하듯, 연산도 훈련 과정에서 개념과 원리를 함께 접해야 기초를 건강하게 다질 수 있답니다.

오호! 제목만 읽어도 개념이 쏙쏙~.

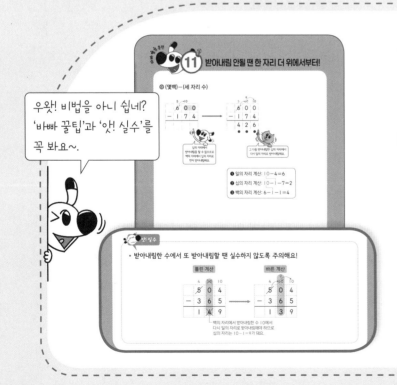

우왓! 비법을 아니 쉽네? '바빠 꿀팁'과 '앗! 실수'를 꼭 봐요~.

책 속의 선생님!
'바빠 꿀팁'과 '앗! 실수'로
선생님과 함께 푼다!

수학 전문학원 원장님들의 의견을 받아 책 곳곳에 친절한 도움말을 담았어요. 문제를 풀 때 알아 두면 좋은 '바빠 꿀팁'부터 실수를 줄여 주는 '앗! 실수'까지! 혼자 푸는데도 선생님이 옆에 있는 것 같아요!

종합 선물 같은 훈련 문제

실력을 쌓아 주는
바빠의 '작은 발걸음' 방식!

쉬운 내용은 빠르게 학습하고, 어려운 부분은 더 많이 훈련하도록 구성해 학습 효율을 높였어요. 또한 조금씩 수준을 높여 도전하는 바빠의 '작은 발걸음 방식(small step)'으로 몰입도를 높였어요.

느닷없이 어려워지지 않으니 끝까지 풀 수 있어요~.

A	B	C
4 씩 10 500 − 3 2 8 1 7 2		

A 뺄셈을 하세요.

❶   400
    −   6

❹   500
   − 2 0 7

❼   600
   − 4 3 2

B 뺄셈을 하세요.

❶   200
    −   9

❸   600
   − 2 5 3

❻   700
   − 6 6 8

C 뺄셈을 하세요.

❶   306
   − 1 9 7

❹   700
   − 3 1 4

❼   800
   − 6 5 6

❷   4
   − 2

❺   5
   − 4

❽   6
   − 4

다양한 문제로 이해하고,
내 것으로 만드니 자신감이
저절로!

단순 계산력 문제만 연습하고 끝나지 않아요. 쉬운 생활 속 문장제와 사고력 문제를 완성하며 개념을 정리하고, 한 마당이 끝날 때마다 섞어서 연습하고, 게임처럼 즐겁게 마무리하는 종합 문제까지!

다양한 유형의 문제로 즐겁게 학습해요~!

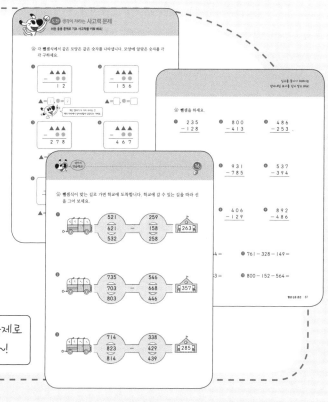

3·4학년 바빠 연산법, 집에서 이렇게 활용하세요!

'바빠 연산법 3·4학년' 시리즈는 고학년이 되기 전, 기본적으로 완성해야 하는 자연수의 사칙연산을 영역별로 한 권씩 정리할 수 있는 영역별 연산 시리즈입니다. 각 책은 총 24단계, 각 단계마다 20분 내외로 풀도록 구성되어 있습니다.

☆ 전반적으로 수학이 어려운 학생이라면?

'바빠 연산법'의 '덧셈 → 뺄셈 → 곱셈 → 나눗셈' 순서로 개념부터 공부하기를 권합니다. 개념을 먼저 이해한 다음 문제를 풀면 연산의 재미와 성취감을 느끼게 될 거예요. 그런 다음, 내가 틀린 문제는 연습장에 따로 적어 한 번 더 반복해서 풀어 보세요. 수학에 자신감이 생길 거예요.

☆ '뺄셈이 어려워', '나눗셈이 약해' 특정 영역이 자신 없다면?

뺄셈을 못한다면 '뺄셈'부터, 곱셈이 불안하다면 '곱셈'부터 시작하세요. 단, 나눗셈이 약한 친구들은 다시 생각해 보세요. 나눗셈이 서툴다면 곱셈이 약해서 나눗셈까지 흔들렸을지도 몰라요. 먼저 '곱셈'으로 곱셈의 속도와 정확도를 높인 후 '나눗셈'으로 총정리를 하세요.

▶ '분수'가 어렵다면? 분수의 기초를 다질 수 있는 '바쁜 3·4학년을 위한 빠른 분수'도 있습니다.

바빠 수학, 학원에서는 이렇게 활용해요!

도움말: 더원수학 김민경 원장(네이버 '바빠 공부단 카페' 바빠쌤)

☆ 학습 결손 해결, 1:1 맞춤 보충 교재는? '바빠 연산법'

'바빠 연산법은' 영역별로 집중 훈련하도록 구성되어, 학생별 1:1 맞춤 수업 교재로 사용합니다. 분수가 부족한 학생은 분수로 빠르게 결손을 보강하고, 기초 연산 실력이 부족한 친구들은 덧셈, 뺄셈, 곱셈, 나눗셈 등 기본 연산부터 훈련합니다. 부족한 부분만 핀셋으로 콕! 집둣이 공부할 수 있어 좋아요! 숙제나 보충 교재로 활용한다면 기존 수업 방식에 큰 변화 없이도 부족한 연산 결손을 보강할 수 있어 활용도가 높습니다.

☆ 다음 학기 선행은? '바빠 교과서 연산'

'바빠 교과서 연산'은 학기 중 진도 따라 풀어도 좋은 책입니다. 그리고 방학 동안 다음 학기 선행을 준비할 때도 큰 도움이 됩니다. 일단 쉽기 때문입니다. 교과서 순서대로 빠르게 공부할 수 있어 짧은 방학 동안 부담 없이 학습할 수 있습니다. 첫 번째 교과 수학 선행 책으로 추천합니다.

☆ 서술형 대비는? '나 혼자 푼다! 수학 문장제'

연산 영역을 보강한 학생 중 서술형을 어려워하는 학생은 마지막에 꼭 '나 혼자 푼다! 수학 문장제'를 추가로 수업합니다. 학교 교과 수준의 어렵지도 쉽지도 않은 딱 적당한 난이도라, 공부하기 좋아요. 다양한 꿀팁과 친절한 설명이 담겨 있는 시리즈로, 학생 혼자서도 충분히 풀 수 있어 숙제로 내주기도 합니다.

바쁜 3·4학년을 위한 빠른 뺄셈

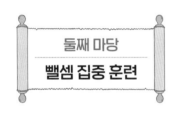

진단 평가

'차근차근 문제를 풀어 더 정확하게 확인하겠다!' 면 20문항을 모두 풀고,
'빠르게 확인하고 계획을 세울 자신이 있다!' 면 짝수 문항만 풀어 보세요.

내 실력은 어느 정도일까?

10분 진단

평가 문항: 20문항

3학년은 풀지 않아도 됩니다.
➔ 바로 20일 진도로 진행!

진단할 시간이 부족하다면?

5분 진단

짝수 문항만
풀어 보세요~.

평가 문항: 10문항

학원이나 공부방 등에서
진단 시간이 부족할 때 사용!

⏱ 시계가 준비 됐나요?
자! 이제, 제시된 시간 안에 진단 평가를 풀어 본 후
16쪽의 '권장 진도표'를 참고하여 공부 계획을 세워 보세요.

🐾 뺄셈을 하세요.

①   8 7
    − 3 6

②   4 1
    − 1 9

③   7 2
    − 4 3

④   5 4
    − 2 8

⑤   8 6 9
    − 2 4 3

⑥   4 7 5
    − 1 3 8

⑦   7 3 8
    − 4 9 6

⑧   9 6 0
    − 4 8 8

⑨   9 2 4
    − 3 5 6

⑩   6 0 0
    − 1 8 4

🐾 뺄셈을 하세요.

⑪ 74−19−28=

⑫ 912−258−386=

⑬
```
   9 7 2 9
 − 4 3 1 8
```

⑭
```
   6 8 4 8
 − 2 6 4 3
```

⑮
```
   8 5 1 6
 − 5 2 3 4
```

⑯
```
   5 2 9 0
 − 1 4 6 1
```

🐾 ☐ 안에 알맞은 수를 써넣으세요.

⑰
```
     8 4
 −   1 ☐
     ☐ 2
```

⑱
```
     7 ☐
 −   ☐ 3
     4 7
```

⑲
```
   7 2 5
 − ☐ 6 ☐
   3 ☐ 8
```

⑳
```
   ☐ 3 2
 − 6 ☐ 9
   2 6 ☐
```

나만의 공부 계획을 세워 보자

| 다 맞았어요! | 예 → | 10일 진도표로 공부하면서 푸는 속도를 높여 보자! |

아니요

| 1~4번을 못 풀었어요. | 예 → | '바쁜 1·2학년을 위한 빠른 뺄셈'을 먼저 풀고 다시 도전! |

아니요

| 5~16번에 틀린 문제가 있어요. | 예 → | 첫째 마당부터 차근차근 풀어 보자! **20일 진도표**로 공부 계획을 세워 보자! |

아니요

| 17~20번에 틀린 문제가 있어요. | 예 → | 단기간에 끝내는 **10일 진도표**로 공부 계획을 세워 보자! |

권장 진도표

★	20일 진도	10일 진도
1일	01 ~ 03	01 ~ 04
2일	04 ~ 05	05 ~ 07
3일	06	08 ~ 10
4일	07	11 ~ 12
5일	08 ~ 09	13 ~ 14
6일	10	15 ~ 16
7일	11	17 ~ 18
8일	12	19 ~ 20
9일	13	21 ~ 22
10일	14	23 ~ 24
11일	15	
12일	16	
13일	17	
14일	18	
15일	19	
16일	20	
17일	21	
18일	22	
19일	23	
20일	24	

야호! 총정리 끝!

진단 평가 정답

❶ 51　　❷ 22　　❸ 29　　❹ 26　　❺ 626　　❻ 337

❼ 242　　❽ 472　　❾ 568　　❿ 416　　⓫ 27　　⓬ 268

⓭ 5411　　⓮ 4205　　⓯ 3282　　⓰ 3829　　⓱ (왼쪽부터) 7, 2　　⓲ (왼쪽부터) 2, 0

⓳ (왼쪽부터) 3, 5, 7　　　　⓴ (왼쪽부터) 9, 6, 3

첫째 마당

뺄셈 기초 훈련

두 자리 수의 뺄셈을 이미 알고 있다고 그냥 넘어가면 안 돼요. 두 자리 수의 뺄셈을 능숙하게 풀 수 있을 때 세 자리 수로 넘어가야 해요. 알고 있는 것과 실수 없이 빠르고 능숙하게 푸는 것은 달라요. 뺄셈의 원리는 첫째 마당에서 다 배울 수 있으니 충분히 풀고 넘어가세요.

	공부할 내용!	완료	10일 진도	20일 진도
01	두 자리 수의 뺄셈은 어렵지 않지~	✔	1일차	1일차
02	일의 자리 수끼리 뺄 수 없으면 10을 빌려	☐		
03	세 수의 뺄셈은 무조건 앞에서부터!	☐		
04	실력이 쑥쑥 커지는 빈칸 채우기	☐		2일차
05	덧셈은 뺄셈으로, 뺄셈은 덧셈으로 바꾸어 풀자	☐	2일차	
06	작은 수를 만들 때, 높은 자리부터 작은 수를 놓자	☐		3일차
07	뺄셈 기초 훈련 종합 문제	☐		4일차

☆ 받아내림이 없는 (몇십)−(몇십)

계산 결과의 일의 자리에는 0을 쓰고,
십의 자리에는 십의 자리 수끼리 빼서 써요.

☆ 받아내림이 없는 (두 자리 수)−(두 자리 수)

• 세로로 계산하기

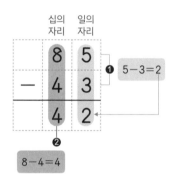

❶ 일의 자리 수끼리의 차는 ^{1}⬜의 자리에 씁니다.

❷ 십의 자리 수끼리의 차는 ^{2}⬜의 자리에 씁니다.

• 가로로 계산하기

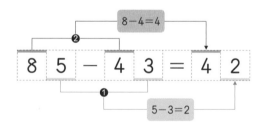

받아내림이 없는 뺄셈은
가로로 계산해도
어렵지 않아요.

🐾 뺄셈을 하세요.

①
```
    3 7
 ─    4
```

②
```
    4 6
 ─    5
```

③
```
    5 9
 ─    7
```

④
```
    6 0
 ─ 3 0
```

⑤
```
    8 0
 ─ 2 0
```

⑥
```
    9 0
 ─ 1 0
```

⑦
```
    5 6
 ─ 4 2
```
❶ 6−2=4
❷ 5−4=1

⑧
```
    7 5
 ─ 4 1
```

⑨
```
    4 8
 ─ 1 6
```

⑩
```
    6 9
 ─ 1 5
```

⑪
```
    9 2
 ─ 5 0
```

⑫
```
    3 7
 ─ 1 4
```

⑬
```
    5 4
 ─ 2 3
```

⑭
```
    7 9
 ─ 6 4
```

⑮
```
    9 3
 ─ 2 2
```

🐾 뺄셈을 하세요.

①
```
   5 4
 - 5 2
```

②
```
   7 3
 - 2 3
```

③
```
   9 5
 - 4 2
```

④
```
   4 6
 - 3 1
```

⑤
```
   9 8
 - 8 2
```

⑥
```
   8 9
 - 4 8
```

⑦
```
   6 9
 - 5 2
```

⑧
```
   9 6
 - 1 1
```

⑨
```
   5 7
 - 4 4
```

⑩ $97 - 66 =$

⑪ $83 - 61 =$

⑫ $68 - 23 =$

⑬ $74 - 31 =$

⑭ $86 - 14 =$

⑮ $99 - 35 =$

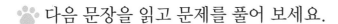

도전! 땅 짚고 헤엄치는 **문장제**
쉬운 문장제로 연산의 기본 개념을 익혀 봐요!

🐾 다음 문장을 읽고 문제를 풀어 보세요.

1 수지는 3월 한 달 중 운동을 20일 했습니다. 수지가 3월에 운동을 하지 않은 날은 며칠일까요?

_____

2 주차장에 자동차가 57대 있었습니다. 이 중에서 23대가 빠져 나갔다면 주차장에 남아 있는 자동차는 몇 대일까요?

_____

3 귤이 한 상자에 68개 들어 있습니다. 이 중에서 15개를 먹었다면 남은 귤은 몇 개일까요?

_____

4 민아가 76쪽짜리 동화책을 처음부터 31쪽까지 읽었습니다. 남은 동화책은 몇 쪽일까요?

_____

속닥속닥

1 3월은 31일까지 있어요.

일의 자리 수끼리 뺄 수 없으면 10을 빌려

☆ 받아내림이 있는 (두 자리수)−(두 자리수)

• 세로로 계산하기

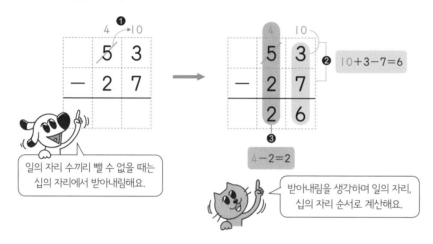

일의 자리 수끼리 뺄 수 없을 때는
십의 자리에서 받아내림해요.

받아내림을 생각하며 일의 자리,
십의 자리 순서로 계산해요.

• 가로로 계산하기

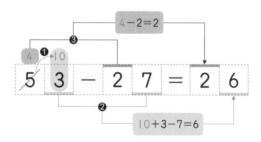

앗! 실수

• 받아내림해 준 자리는 받아내림하고 남은 수에서 계산해요.

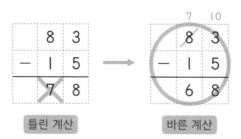

틀린 계산   바른 계산

$$
\begin{array}{r}
{\scriptstyle 2 \ \ 10} \\
\cancel{3} \ 3 \\
- \ 1 \ 8 \\
\hline
1 \ 5
\end{array}
$$

받아내림한 수는 잊지 않도록 작게 표시하면서 계산해요.

🐾 뺄셈을 하세요.

①
$$
\begin{array}{r}
2\ 3 \\
-\ \ 7 \\
\hline
\end{array}
$$

②
$$
\begin{array}{r}
3\ 8 \\
-\ \ 9 \\
\hline
\end{array}
$$

③
$$
\begin{array}{r}
5\ 6 \\
-\ 3\ 9 \\
\hline
\end{array}
$$

④
$$
\begin{array}{r}
6\ 1 \\
-\ 3\ 4 \\
\hline
\end{array}
$$

⑤
$$
\begin{array}{r}
7\ 4 \\
-\ 5\ 5 \\
\hline
\end{array}
$$

⑥
$$
\begin{array}{r}
8\ 5 \\
-\ 2\ 6 \\
\hline
\end{array}
$$

⑦
$$
\begin{array}{r}
9\ 3 \\
-\ 7\ 8 \\
\hline
\end{array}
$$

⑧
$$
\begin{array}{r}
6\ 7 \\
-\ 1\ 9 \\
\hline
\end{array}
$$

⑨
$$
\begin{array}{r}
9\ 3 \\
-\ 4\ 7 \\
\hline
\end{array}
$$

⑩
$$
\begin{array}{r}
7\ 2 \\
-\ 2\ 8 \\
\hline
\end{array}
$$

⑪
$$
\begin{array}{r}
8\ 1 \\
-\ 5\ 3 \\
\hline
\end{array}
$$

🐾 뺄셈을 하세요.

①
```
   3 5
 − 2 8
```

②
```
   5 1
 − 2 3
```

③
```
   9 4
 − 1 7
```

④
```
   7 6
 − 4 8
```

⑤
```
   4 2
 − 2 9
```

⑥
```
   8 3
 − 3 5
```

⑦
```
   6 1
 − 2 2
```

⑧
```
   9 2
 − 4 8
```

⑨
```
   5 4
 − 1 9
```

⑩
```
   8 4
 − 6 8
```

⑪
```
   7 8
 − 1 9
```

⑫
```
   9 2
 − 2 6
```

🐾 계산 결과를 비교하여 ○ 안에 >, <를 알맞게 써넣으세요.

① 50 − 23 ◯ 50 − 25

같은 수에서는 더 작은 수를 뺀 쪽의 결과가 더 커요!

같은 수에서는 빼는 수가 더 작은 수 쪽으로 입을 왕!

★ − 작은 수 > ★ − 큰 수

② 63 − 45 ◯ 63 − 35

③ 72 − 46 ◯ 72 − 36

④ 86 − 59 ◯ 86 − 60

⑤ 45 − 27 ◯ 45 − 29

⑥ 63 − 25 ◯ 65 − 25

같은 수를 뺄 땐 더 큰 수에서 뺀 쪽의 결과가 더 커요!

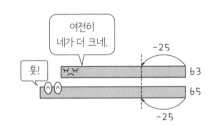

여전히 네가 더 크네.

훗!

−25

63

65

−25

⑦ 36 − 17 ◯ 40 − 17

⑧ 53 − 26 ◯ 55 − 26

⑨ 60 − 28 ◯ 50 − 28

⑩ 89 − 42 ◯ 90 − 42

☆ 52−18−15의 계산

• 세로로 계산하기

• 가로로 계산하기

$$52-18-15=\boxed{19}$$
❶ 34
❷ 19

• **뺄셈식은 순서를 바꾸어 계산하면 안 돼요.**

뺄셈식은 순서를 바꾸어 계산하면 결과가 달라지므로 반드시 앞에서부터 계산해야 해요.

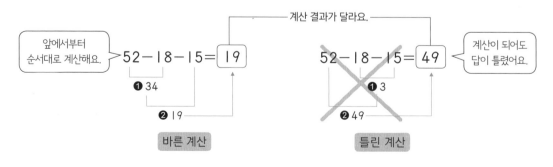

바른 계산   틀린 계산

🐾 세 수의 뺄셈을 하세요.

① $31 - 5 - 7 =$

```
    3 1          2 6
  -   5   →    -   7
    2 6
```

② $52 - 28 - 9 =$

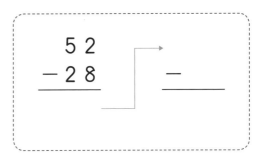

```
    5 2
  - 2 8   →    -
```

③ $60 - 14 - 18 =$

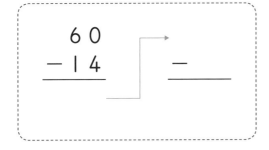

```
    6 0
  - 1 4   →    -
```

④ $73 - 18 - 37 =$

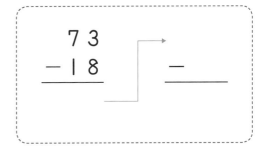

```
    7 3
  - 1 8   →    -
```

⑤ $85 - 27 - 39 =$

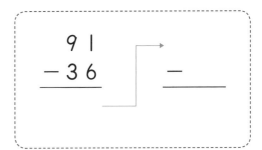

```
    8 5
  - 2 7   →    -
```

⑥ $91 - 36 - 28 =$

```
    9 1
  - 3 6   →    -
```

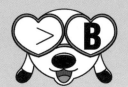

(두 자리 수)−(한 자리 수) 계산은 이제 암산으로 풀 수 있어야 해요.
암산으로 계산하는 게 쉬워졌다면 뺄셈 실력이 늘고 있다는 증거예요.

뺄셈을 하세요.

가로셈으로 풀 때에도 앞에서부터 차례로 계산하면 돼요.

❶ $31 - 4 - 8 = \square$

❷ $53 - 16 - 19 = \square$

❸ $61 - 25 - 17 = \square$

❹ $92 - 19 - 45 = \square$

❺ $70 - 18 - 26 = \square$

❻ $82 - 17 - 28 = \square$

❼ $90 - 26 - 49 = \square$

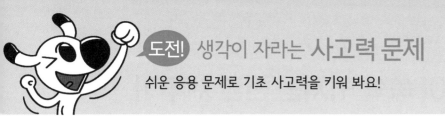

🐾 가장 큰 수에서 나머지 두 수를 뺀 값을 구하세요.

❶ 36, 9, 10 ➡ $36 - 9 - 10 = \boxed{}$

$9 + 10 = \boxed{19}$

$36 - \boxed{19} = \boxed{}$

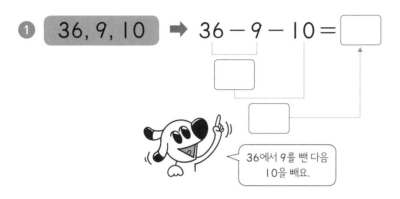

36에서 9를 뺀 다음 10을 빼요.

36에서 9와 10의 합을 한번에 빼요.

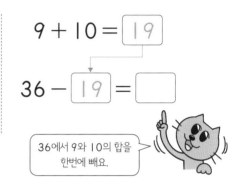

❷ 63, 12, 23 ➡ $63 - 12 - 23 = \boxed{}$

$12 + 23 = \boxed{}$

$63 - \boxed{} = \boxed{}$

❸ 49, 15, 17 ➡ $49 - 15 - 17 = \boxed{}$

$15 + 17 = \boxed{}$

$49 - \boxed{} = \boxed{}$

❹ 82, 37, 24 ➡ $82 - 37 - 24 = \boxed{}$

$37 + 24 = \boxed{}$

$82 - \boxed{} = \boxed{}$

04 실력이 쑥쑥 커지는 빈칸 채우기

☆ 두 자리 수의 뺄셈식에서 빈칸 채우기

• 일의 자리에 있는 ⬜ 안의 수 구하기

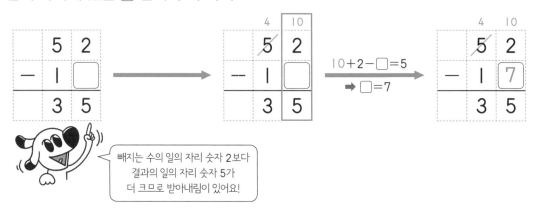

빼지는 수의 일의 자리 숫자 2보다
결과의 일의 자리 숫자 5가
더 크므로 받아내림이 있어요!

• 십의 자리에 있는 ⬜ 안의 수 구하기

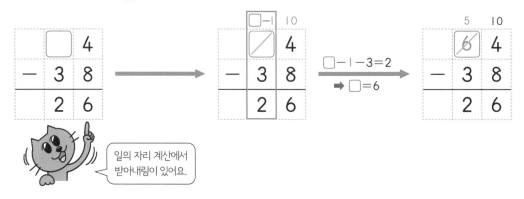

일의 자리 계산에서
받아내림이 있어요.

• 일, 십의 자리에 있는 ⬜ 안의 수 구하기

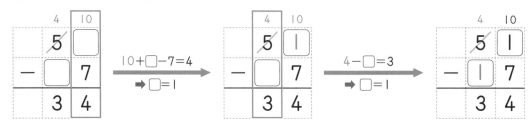

🐾 □ 안에 알맞은 수를 써넣으세요.

❶
```
    4  10
    5  3
 -  2  □
 ───────
    2  8
```

❷
```
    5  □
 -     7
 ───────
    4  9
```

❸
```
    7  1
 -     □
 ───────
    6  3
```

❹
```
    7  □
 -  2  5
 ───────
    4  8
```

❺
```
    4  2
 -  1  □
 ───────
    2  4
```

❻
```
    8  □
 -  6  8
 ───────
    1  2
```

❼
```
    6  1
 -  □  7
 ───────
    4  4
```

❽
```
    7  2
 -  □  5
 ───────
    5  7
```

❾
```
    9  7
 -  □  9
 ───────
    6  8
```

❿
```
    □  3
 -  4  8
 ───────
    1  5
```

⓫
```
    □  2
 -  5  9
 ───────
    2  3
```

⓬
```
    □  4
 -  1  5
 ───────
    7  9
```

🐾 □ 안에 알맞은 수를 써넣으세요.

①
$$\begin{array}{r} 5\ \square \\ -\ \square\ 5 \\ \hline 1\ 6 \end{array}$$

②
$$\begin{array}{r} 9\ \square \\ -\ \square\ 9 \\ \hline 2\ 7 \end{array}$$

③
$$\begin{array}{r} 7\ \square \\ -\ \square\ 8 \\ \hline 5\ 5 \end{array}$$

④
$$\begin{array}{r} 6\ \square \\ -\ \square\ 8 \\ \hline 3\ 3 \end{array}$$

⑤
$$\begin{array}{r} 9\ \square \\ -\ \square\ 7 \\ \hline 7\ 5 \end{array}$$

⑥
$$\begin{array}{r} 8\ \square \\ -\ \square\ 5 \\ \hline 4\ 7 \end{array}$$

⑦
$$\begin{array}{r} \square\ 2 \\ -\ 1\ \square \\ \hline 5\ 4 \end{array}$$

⑧
$$\begin{array}{r} \square\ 4 \\ -\ 3\ \square \\ \hline 4\ 8 \end{array}$$

⑨
$$\begin{array}{r} \square\ 6 \\ -\ 2\ \square \\ \hline 2\ 9 \end{array}$$

⑩
$$\begin{array}{r} \square\ 1 \\ -\ 2\ \square \\ \hline 1\ 4 \end{array}$$

⑪
$$\begin{array}{r} \square\ 3 \\ -\ 3\ \square \\ \hline 2\ 6 \end{array}$$

받아내림한 바로 윗자리 수는 1 작아진다는 것을 기억해요!

도전! 생각이 자라는 **사고력 문제**

쉬운 응용 문제로 기초 사고력을 키워 봐요!

🐾 숫자 카드를 한 번씩 모두 사용하여 뺄셈식을 완성하세요.

1

➡

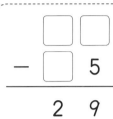

□에서 5를 빼면 9가 되는 □를 먼저 찾아요.

2

➡

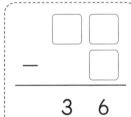

차의 일의 자리가 6이 되는 두 수를 먼저 찾아요.

3

➡

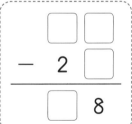

4

➡

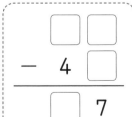

05 덧셈은 뺄셈으로, 뺄셈은 덧셈으로 바꾸어 풀자

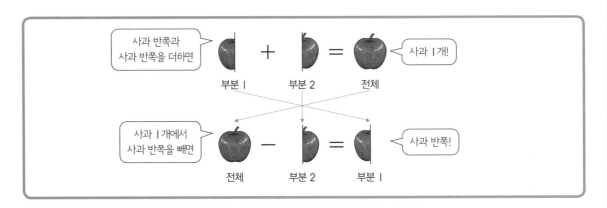

☆ **덧셈식과 뺄셈식**

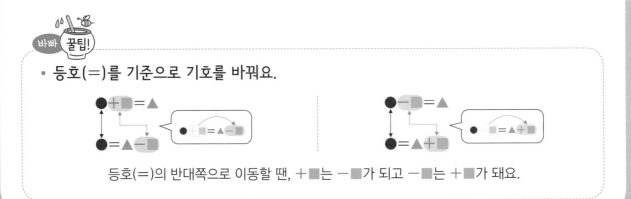

- 등호(=)를 기준으로 기호를 바꿔요.

등호(=)의 반대쪽으로 이동할 때, +■는 −■가 되고 −■는 +■가 돼요.

 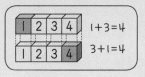

덧셈은 더하는 두 수의 순서가 바뀌어도 계산 결과가 같아요.

🐾 ●와 ▲에 알맞은 수를 각각 구하세요.

①
$$● + 29 = 41$$
$$68 + ● = ▲$$

● : _____ , ▲ : _____

덧셈식을 뺄셈식으로 나타내 ●의 값을 먼저 구해 봐요.

②
$$23 + ● = 61$$
$$55 + ● = ▲$$

● : _____ , ▲ : _____

③
$$● + 14 = 52$$
$$43 + ● = ▲$$

● : _____ , ▲ : _____

④
$$● + 37 = 75$$
$$● + 24 = ▲$$

● : _____ , ▲ : _____

⑤
$$● + 72 = 91$$
$$● + 53 = ▲$$

● : _____ , ▲ : _____

⑥
$$25 + ● = 41$$
$$73 - ● = ▲$$

● : _____ , ▲ : _____

⑦
$$62 + ● = 80$$
$$47 - ● = ▲$$

● : _____ , ▲ : _____

 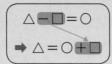 

빼셈식을 덧셈식과 또 다른 빼셈식으로
나타낼 수 있어요.

🐾 ●와 ▲에 알맞은 수를 구하세요.

①
$$52 - ● = 17$$
$$73 - ● = ▲$$

● : _____ , ▲ : _____

②
$$● - 45 = 18$$
$$92 - ● = ▲$$

● : _____ , ▲ : _____

③
$$● - 19 = 14$$
$$82 - ● = ▲$$

● : _____ , ▲ : _____

④
$$● - 27 = 34$$
$$● - 13 = ▲$$

● : _____ , ▲ : _____

⑤
$$● - 65 = 29$$
$$● - 48 = ▲$$

● : _____ , ▲ : _____

⑥
$$62 - ● = 39$$
$$● + 57 = ▲$$

● : _____ , ▲ : _____

⑦
$$76 - ● = 58$$
$$● + 43 = ▲$$

● : _____ , ▲ : _____

🐾 빈칸에 알맞은 수를 써넣으세요.

1

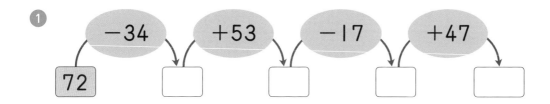

2

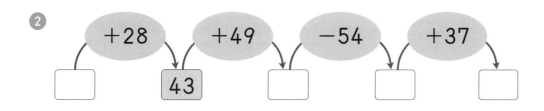

3

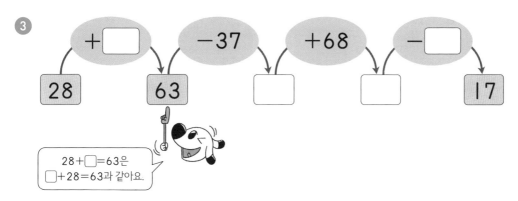

28+□=63은
□+28=63과 같아요.

4

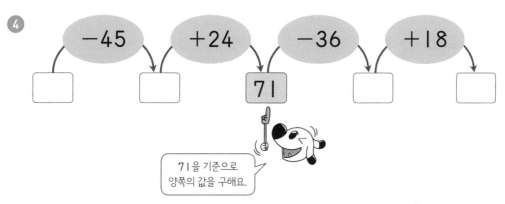

71을 기준으로
양쪽의 값을 구해요.

작은 수를 만들 땐, 높은 자리부터 작은 수를 놓자!

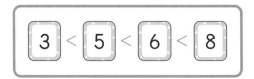

☆ 숫자 카드로 가장 큰 두 자리 수 만들기

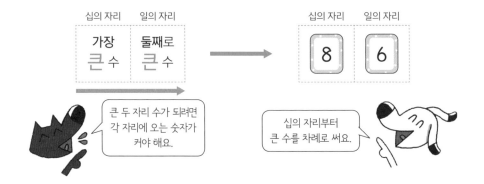

☆ 숫자 카드로 가장 작은 두 자리 수 만들기

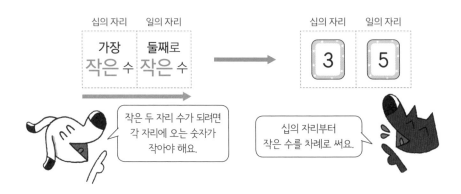

바빠 꿀팁!

• 3 , 5 , 6 , 8 로 만드는 둘째로 큰/작은 두 자리 수

 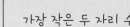

🐾 숫자 카드를 한 번씩 사용하여 만들 수 있는 가장 큰 두 자리 수와 가장 작은 두 자리 수를 만들고, 두 수의 차를 구하세요.

① 0 5 6 4

```
    6 5
  -  4 0
  ─────
```

② 2 4 9 8

```
    □ □
  - □ □
  ─────
```

③ 1 7 4 9

```
    □ □
  - □ □
  ─────
```

④ 5 7 3 6

```
    □ □
  - □ □
  ─────
```

⑤ 3 6 8 4

```
    □ □
  - □ □
  ─────
```

⑥ 7 9 5 6

```
    □ □
  - □ □
  ─────
```

😸 숫자 카드를 한 번씩 사용하여 만들 수 있는 가장 큰 두 자리 수와 가장 작은 두 자리 수를 만들고, 두 수의 합과 차를 구하세요.

①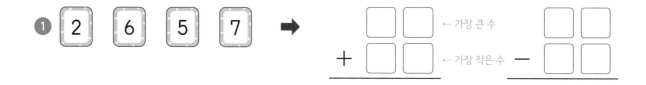

②

③

④ 5 8 7 9 ➡ □□ ← 가장 큰 수   □□
      + □□ ← 가장 작은 수   − □□

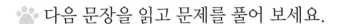

도전! 땅 짚고 헤엄치는 **문장제**

쉬운 문장제로 연산의 기본 개념을 익혀 봐요!

🐾 다음 문장을 읽고 문제를 풀어 보세요.

둘째로 큰 수		둘째로 작은 수	
십의 자리	일의 자리	십의 자리	일의 자리
가장 큰 수	셋째로 큰 수	가장 작은 수	셋째로 작은 수

① 숫자 카드를 한 번씩 사용하여 만들 수 있는 두 자리 수 중 둘째로 큰 수와 둘째로 작은 수의 차를 구하세요.

3   6   7

_____

② 숫자 카드를 한 번씩 사용하여 만들 수 있는 두 자리 수 중 둘째로 큰 수와 둘째로 작은 수의 차를 구하세요.

4   2   3   9

_____

③ 혜수와 진호는 각자의 숫자 카드를 한 번씩 사용하여 만들 수 있는 가장 큰 두 자리 수와 가장 작은 두 자리 수를 만들었습니다. 혜수와 진호가 만든 두 수의 차가 가장 클 때의 차를 구하세요.

가장 큰 수에서 가장 작은 수를 뺐을 때, 차가 가장 커요.

혜수
5   2   7   3

진호
2   4   6   9

_____

속닥속닥

③ 혜수와 진호가 각각 만든 가장 큰 두 자리 수와 가장 작은 두 자리 수를 먼저 구해요.

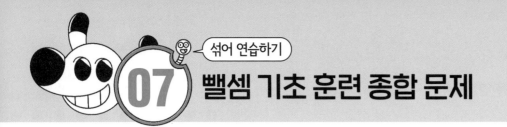

섞어 연습하기

07 뺄셈 기초 훈련 종합 문제

🐾 뺄셈을 하세요.

①
```
  3 7
-   4
```

②
```
  8 0
- 3 0
```

③
```
  6 0
- 1 0
```

④
```
  4 9
- 3 6
```

⑤
```
  7 8
- 1 4
```

⑥
```
  5 5
- 1 3
```

⑦
```
  5 3
- 1 9
```

⑧
```
  3 4
- 2 8
```

⑨
```
  9 1
- 3 6
```

⑩
```
  8 2
- 6 7
```

⑪
```
  4 2
- 1 4
```

⑫
```
  9 7
- 7 8
```

🐾 뺄셈을 하세요.

①
$$\begin{array}{r} 2\ 3 \\ -\ 1\ 9 \\ \hline \end{array}$$

②
$$\begin{array}{r} 7\ 3 \\ -\ 4\ 8 \\ \hline \end{array}$$

③
$$\begin{array}{r} 4\ 6 \\ -\ 1\ 7 \\ \hline \end{array}$$

④
$$\begin{array}{r} 8\ 5 \\ -\ 4\ 6 \\ \hline \end{array}$$

⑤
$$\begin{array}{r} 5\ 4 \\ -\ 3\ 8 \\ \hline \end{array}$$

⑥
$$\begin{array}{r} 9\ 1 \\ -\ 4\ 7 \\ \hline \end{array}$$

⑦
$$\begin{array}{r} 6\ 0 \\ -\ 1\ 2 \\ \hline \end{array}$$

⑧
$$\begin{array}{r} 8\ 1 \\ -\ 2\ 5 \\ \hline \end{array}$$

⑨
$$\begin{array}{r} 7\ 2 \\ -\ 2\ 6 \\ \hline \end{array}$$

⑩ $41 - 3 - 9 =$

⑪ $62 - 25 - 8 =$

⑫ $70 - 26 - 37 =$

⑬ $83 - 18 - 46 =$

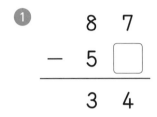

🐾 ☐ 안에 알맞은 수를 써넣으세요.

①
```
    8 7
  −  5 ☐
  ───────
    3 4
```

②
```
    5 ☐
  −  2 2
  ───────
    2 9
```

③
```
    4 1
  −  ☐ 5
  ───────
    2 6
```

④
```
    ☐ 7
  −  5 ☐
  ───────
    1 5
```

⑤
```
    9 ☐
  −  3 7
  ───────
    ☐ 3
```

⑥
```
    ☐ 1
  −  1 ☐
  ───────
    4 7
```

⑦ $62 + \boxed{} = 80$

⑧ $43 - \boxed{} = 25$

⑨ $\boxed{} + 27 = 50$

⑩ $\boxed{} + 18 = 36$

🐾 숫자 카드를 한 번씩 사용하여 만들 수 있는 가장 큰 두 자리 수와 가장 작은 두 자리 수의 차를 구하세요.

⑪   2 5 4 9

⑫ 3 2 6 7

_____   _____

🐾 **보기** 와 같이 올바른 뺄셈식이 되도록 잘못 놓은 숫자 카드를 2장씩 찾아 ✕표 하세요.

보기

✕ 5 3 — ✕ 3 4 = 1 9

① 3 ✕ 0 — 1 6 7 = 1 4

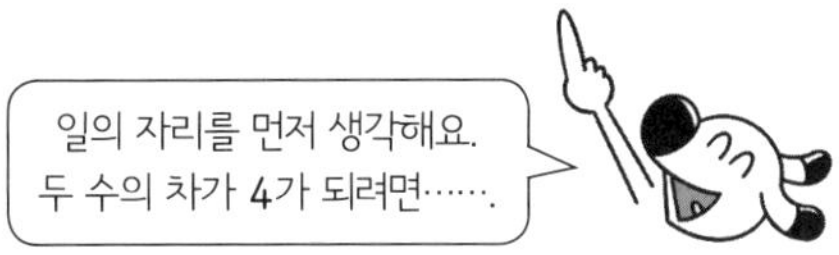

> 일의 자리를 먼저 생각해요.
> 두 수의 차가 4가 되려면……

② 5 6 7 — 2 ✕ 9 = 3 8

③ 7 2 ✕ — 4 5 7 = 1 5

④ 9 2 5 — 5 4 6 = 3 9

⑤ 7 8 1 — 2 3 4 = 5 7

빼셈식이 되는 세 수를 찾아 ☐－☐＝☐ 와 같이 묶고 기호를 표시하세요.

①

빼셈식이 4개 숨어 있어요.

60 － 50 ＝ 10		3	4	9
2	7	4	39	13	26
10	4	16	8	7	15
6	27	13	6	5	1
38	14	24	15	6	11

가로 방향의 세 수 중에서 빼셈식을 찾아보세요.

②

빼셈식이 5개 숨어 있어요.

2	6	34	18	16	7
4	5	7	46	28	18
7	56	29	27	9	5
5	7	36	16	20	9
48	11	37	9	17	13

빼셈식이 되려면 큰 수에서 작은 수를 빼야 하는데……

46   바빠 3·4학년 빼셈

둘째 마당

뺄셈 집중 훈련

세 자리 수의 뺄셈에서는 받아내림을 2번까지 할 수 있어요. 받아내림을 2번 해도 뺄셈의 원리는 똑같으니 어렵지 않을 거예요. 뺄셈을 잘 하려면 정확하게 푸는 것도 중요하지만 빠른 시간 안에 계산할 수 있어야 해요. 자 그럼 집중해서 풀면서 계산력을 키워 봐요.

	공부할 내용!	완료	10일 진도	20일 진도
08	받아내림이 없는 뺄셈은 기본이지~	☐		5일차
09	아래로 받아내림할 땐 항상 10이야	☐	3일차	
10	받아내림이 2번 있어도 계산 방법은 똑같아	☐		6일차
11	받아내림 안될 땐 한 자리 더 위에서부터!	☐		7일차
12	몇백에 가까운 수 쉽게 계산하기	☐	4일차	8일차
13	세 수의 뺄셈은 무조건 앞에서부터!	☐		9일차
14	다양한 표현으로 푸는 뺄셈		5일차	10일차
15	뺄셈 실력을 키우는 빈칸 채우기	☐		11일차
16	뺄셈 집중 훈련 종합 문제		6일차	12일차

받아내림이 없는 뺄셈은 기본이지~

☆ 받아내림이 없는 (세 자리 수)−(세 자리 수)

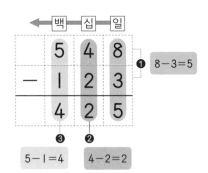

① ^{1}□의 자리, 십의 자리, ^{2}□의 자리 순서로 계산합니다.

② 각 자리 수끼리의 차는 각 자리의 아래에 씁니다.

각 자리를 맞추어 쓴 다음

같은 자리 수끼리 계산하지!

 꿀팁!

• 각 자리를 계산하는 방법은 같아도 각 자리의 숫자가 나타내는 값은 달라요.

$$
\begin{array}{r}
5\ 5\ 5 \\
-\ 2\ 2\ 2 \\
\hline
3\ 3\ 3
\end{array}
\quad
\begin{array}{l}
\leftarrow\ 5\ 0\ 0\ +5\ 0\ +5 \\
\leftarrow\ 2\ 0\ 0\ +2\ 0\ +2 \\
\hline
\leftarrow\ 3\ 0\ 0\ +3\ 0\ +3
\end{array}
$$

5−2=3

각 자리를 계산하는 방법은 5−2=3으로 같지만 나타내는 값은 300, 30, 3으로 달라요.

555−222
=(500+50+5)−(200+20+2)
=(500−200)+(50−20)+(5−2)
=300+30+3
=333

🐾 **뺄셈을 하세요.**

①
```
  2 2 6
-     5
```

②
```
  3 7 4
-   6 0
```

③
```
  2 6 9
-   1 7
```

④
```
  7 0 5
- 3 0 0
```

⑤
```
  4 8 0
- 2 0 0
```

⑥
```
  7 6 5
- 3 2 4
```

⑦
```
  4 9 3
- 1 8 1
```

⑧
```
  6 2 9
- 1 2 3
```

⑨
```
  9 3 8
- 7 2 5
```

⑩
```
  6 7 2
- 4 5 0
```

⑪
```
  9 3 6
- 3 0 5
```

⑫
```
  8 5 3
- 1 2 0
```

🐾 뺄셈을 하세요.

①
```
   3 6 2
 - 1 3 1
```

②
```
   6 5 8
 - 2 4 5
```

③
```
   5 7 4
 - 4 3 2
```

④
```
   4 5 7
 - 2 1 5
```

⑤
```
   8 9 6
 - 5 7 4
```

⑥
```
   7 3 9
 - 1 0 7
```

⑦
```
   2 8 5
 - 1 6 4
```

⑧
```
   6 4 7
 - 3 2 6
```

⑨
```
   9 7 8
 - 4 1 4
```

⑩
```
   5 6 8
 - 3 2 8
```

⑪
```
   7 5 4
 - 6 3 1
```

받아내림이 없으니 쉽죠?
그럼 속도를 내서 휙~ 풀고
다음 단계로 넘어가요.

🐾 다음 문장을 읽고 문제를 풀어 보세요.

① 246과 387의 차를 구하세요.

_____

② 주차장에 승용차가 398대, 승합차가 152대 있습니다. 주차장에 있는 승용차와 승합차의 차는 몇 대일까요?

_____

③ 빨간색 페인트는 485 L, 노란색 페인트는 174 L 있습니다. 빨간색 페인트는 노란색 페인트보다 몇 L 더 많을까요?

_____

④ 가장 큰 수에서 가장 작은 수를 뺀 값을 구하세요.

| 349 | 846 | 231 | 254 |

_____

속닥속닥

① 차는 큰 수에서 작은 수를 빼는 것을 말해요.
③ '□는 △보다 얼마나 더 많을까요?'는 □-△로 구해요.

09 아래로 받아내림할 땐 항상 10이야

☆ 받아내림이 1번 있는 (세 자리 수)-(세 자리 수)

- **십**의 자리에서 받아내림이 있는 경우

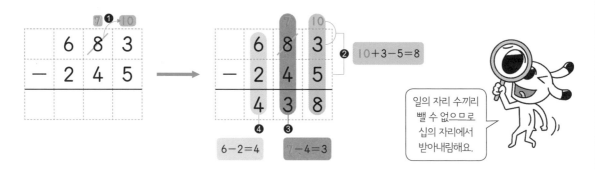

일의 자리 수끼리 뺄 수 없으므로 십의 자리에서 받아내림해요.

- **백**의 자리에서 받아내림이 있는 경우

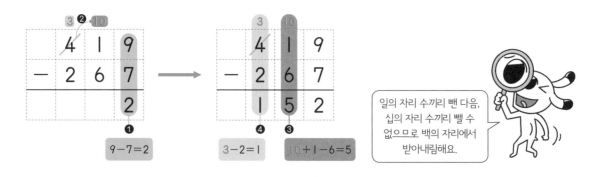

일의 자리 수끼리 뺀 다음, 십의 자리 수끼리 뺄 수 없으므로 백의 자리에서 받아내림해요.

- 윗자리에서 받아내림하면 10만큼 커져요.

받아내림하면 바로 윗자리의 수는 1만큼 작아지고 받아내림 받은 자리의 수는 10만큼 커져요.

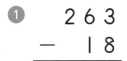 뺄셈을 하세요.

①
```
   2 6 3
-    1 8
```

필요하면 말해,
빌려줄게~.

고마워요
형님!

②
```
   3 6 1
- 2 5 2
```

③
```
   5 1 5
- 3 0 8
```

④
```
   6 4 8
- 4 7 5
```

⑤
```
   8 5 6
- 5 2 7
```

⑥
```
   7 7 1
- 5 4 8
```

⑦
```
   9 0 8
- 3 5 2
```

⑧
```
   7 8 0
- 4 7 2
```

⑨
```
   8 2 3
- 2 4 1
```

⑩
```
   9 7 5
- 1 9 3
```

🐾 뺄셈을 하세요.

①
```
    3 4 1
  - 2 0 6
```

일의 자리 수끼리 뺄 수 없구나? 내가 내려 줄게!

일의 자리 수끼리 뺄 수 없으면 윗자리인 십의 자리에서 10을 받아내림해요.

십의 자리 · 일의 자리

②
```
    5 1 8
  - 1 9 3
```

③
```
    7 8 3
  - 6 5 4
```

④
```
    8 3 7
  - 1 8 6
```

⑤
```
    6 5 9
  - 2 7 8
```

⑥
```
    9 2 2
  - 5 1 5
```

⑦
```
    7 6 2
  - 2 3 9
```

⑧
```
    8 4 5
  - 3 7 1
```

⑨
```
    5 3 8
  - 3 9 2
```

⑩
```
    9 8 1
  - 7 6 3
```

🐾 뺄셈을 하세요.

① 585
  − 2 4 6

② 727
  − 1 9 3

③ 456
  − 2 1 8

④ 639
  − 1 4 7

⑤ 972
  − 4 5 3

⑥ 854
  − 1 7 2

⑦ 361
  − 2 5 9

⑧ 745
  − 3 8 2

⑨ 683
  − 5 6 7

⑩ 927
  − 2 8 2

⑪ 831
  − 6 1 4

⑫ 766
  − 4 9 3

🐾 다음 문장을 읽고 문제를 풀어 보세요.

① 길이가 576 m인 산책로를 328 m만큼 걸었습니다. 남은 산책로는 몇 m일까요?

_____

② 주희는 수학책 144쪽 중에서 지금까지 82쪽을 풀었습니다. 앞으로 더 풀어야 하는 수학책은 몇 쪽일까요?

_____

③ 두 각의 크기의 합이 125°인 삼각형의 나머지 한 각의 크기는 몇 도일까요?

_____

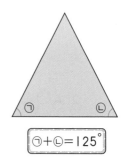

④ 세 각의 크기의 합이 270°인 사각형의 나머지 한 각의 크기는 몇 도일까요?

_____

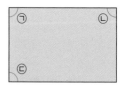

속닥속닥

③ °는 각의 크기를 나타내는 단위이고, '도'라고 읽어요. 삼각형 세 각의 크기의 합은 180°예요.

④ 사각형 네 각의 크기의 합은 360°예요.

☆ 받아내림이 2번 있는 (세 자리 수)−(세 자리 수)

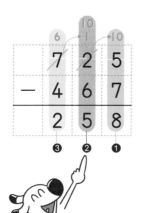

❶ 일의 자리 계산: $10+5-7=15-7=8$

❷ 십의 자리 계산: $2-1+10-6=11-6=5$

❸ 백의 자리 계산: $7-1-4=6-4=2$

일의 자리 수끼리 뺄 수 없을 때는 ^{1} ☐ 의 자리에서 10을 받아내림하고,

십의 자리 수끼리 뺄 수 없을 때는 ^{2} ☐ 의 자리에서 10을 받아내림해요.

같은 자리 수끼리 뺄 수 없을 땐 바로 윗자리에서 받아내림하여 계산하는구나!

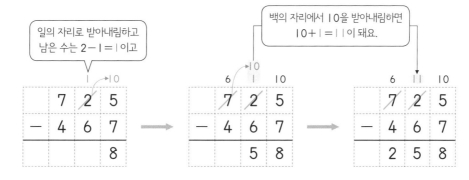

• 725−467에서 십의 자리 계산은 어떻게 $11-6=5$가 될까요?

일의 자리로 받아내림하고 남은 수는 $2-1=1$이고

백의 자리에서 10을 받아내림하면 $10+1=11$이 돼요.

🐾 뺄셈을 하세요.

①
```
   2 4 6
 −   8 7
```

②
```
   4 7 3
 −   9 5
```

받아내림은
윗자리에서 10만큼을
빌려오는 것을 말해요.

③
```
   3 2 5
 − 1 6 9
```

④
```
   5 3 2
 − 2 7 8
```

⑤
```
   7 5 1
 − 5 8 4
```

⑥
```
   8 3 1
 − 2 7 9
```

⑦
```
   9 1 3
 − 7 2 7
```

⑧
```
   6 7 5
 − 1 9 8
```

⑨
```
   5 3 2
 − 1 8 9
```

⑩
```
   8 5 4
 − 6 7 6
```

⑪
```
   9 4 6
 − 1 5 9
```

빨셈을 하세요.

①
$$371$$
$$-276$$

②
$$542$$
$$-358$$

③
$$763$$
$$-167$$

④
$$932$$
$$-295$$

⑤
$$425$$
$$-157$$

⑥
$$646$$
$$-487$$

⑦
$$814$$
$$-595$$

⑧
$$731$$
$$-384$$

⑨
$$923$$
$$-468$$

⑩
$$623$$
$$-134$$

⑪
$$452$$
$$-189$$

⑫
$$845$$
$$-379$$

💜 뺄셈을 하세요.

① 　　435
　　−268

② 　　723
　　−449

③ 　　514
　　−135

④ 　　284
　　−196

⑤ 　　635
　　−247

⑥ 　　951
　　−683

⑦ 　　372
　　−295

⑧ 　　861
　　−479

⑨ 　　622
　　−357

⑩ 　　981
　　−387

⑪ 　　726
　　−268

🐾 뺄셈을 하세요.

① 563
－268

② 824
－757

③ 670
－194

④ 752
－478

⑤ 914
－119

⑥ 416
－248

⑦ 524
－325

⑧ 741
－495

⑨ 843
－387

⑩ 926
－238

⑪ 835
－669

⑫ 730
－153

🐾 다음 문장을 읽고 문제를 풀어 보세요.

① 경호네 학교 남학생은 575명, 여학생은 498명입니다. 남학생은 여학생보다 몇 명 더 많을까요?

_____

② 어느 과수원에서 사과를 어제는 429개, 오늘은 502개 땄습니다. 오늘 딴 사과는 어제 딴 사과보다 몇 개 더 많을까요?

_____

③ 위인전을 현주는 279쪽, 재호는 311쪽 읽었습니다. 현주는 재호보다 위인전을 몇 쪽 더 적게 읽었을까요?

_____

④ 빨간색 끈의 길이는 603 cm이고, 파란색의 끈의 길이는 328 cm입니다. 무슨 색 끈이 몇 cm 더 긴지 구하세요.

_____ , _____

숙닥숙닥

③ '□는 △보다 얼마나 더 적을까요?'는 △ − □로 구해요.

받아내림 안될 땐 한 자리 더 위에서부터!

☆ (몇백)−(세 자리 수)

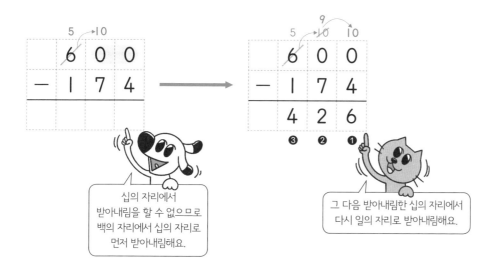

십의 자리에서
받아내림을 할 수 없으므로
백의 자리에서 십의 자리로
먼저 받아내림해요.

그 다음 받아내림한 십의 자리에서
다시 일의 자리로 받아내림해요.

❶ 일의 자리 계산: $10-4=6$

❷ 십의 자리 계산: $10-1-7=2$

❸ 백의 자리 계산: $6-1-1=4$

앗! 실수

• 받아내림한 수에서 또 받아내림할 땐 실수하지 않도록 주의해요!

틀린 계산

바른 계산

백의 자리에서 받아내림한 수 10에서
다시 일의 자리로 받아내림해야 하므로
십의 자리는 $10-1=9$가 돼요.

$$
\begin{array}{r}
\scriptstyle 9 \\
\scriptstyle 4\ \cancel{10}\ 10 \\
5\ 0\ 0 \\
-\ 3\ 2\ 8 \\
\hline
1\ 7\ 2
\end{array}
$$

받아내림을 해 줄 자리의 숫자가 0일 경우,
하나 더 윗자리에서 받아내림을 해서 계산해요.

🐾 뺄셈을 하세요.

①
$$
\begin{array}{r}
4\ 0\ 0 \\
-\ \ \ \ 6 \\
\hline
\end{array}
$$

②
$$
\begin{array}{r}
6\ 0\ 0 \\
-\ \ \ \ 4 \\
\hline
\end{array}
$$

③
$$
\begin{array}{r}
8\ 0\ 0 \\
-\ \ 9\ 3 \\
\hline
\end{array}
$$

④
$$
\begin{array}{r}
5\ 0\ 0 \\
-\ 2\ 0\ 7 \\
\hline
\end{array}
$$

⑤
$$
\begin{array}{r}
7\ 0\ 0 \\
-\ 5\ 7\ 1 \\
\hline
\end{array}
$$

⑥
$$
\begin{array}{r}
9\ 0\ 0 \\
-\ 8\ 6\ 5 \\
\hline
\end{array}
$$

⑦
$$
\begin{array}{r}
6\ 0\ 0 \\
-\ 4\ 3\ 2 \\
\hline
\end{array}
$$

⑧
$$
\begin{array}{r}
8\ 0\ 0 \\
-\ 2\ 1\ 9 \\
\hline
\end{array}
$$

⑨
$$
\begin{array}{r}
5\ 0\ 0 \\
-\ 2\ 6\ 8 \\
\hline
\end{array}
$$

⑩
$$
\begin{array}{r}
7\ 0\ 0 \\
-\ 3\ 4\ 9 \\
\hline
\end{array}
$$

⑪
$$
\begin{array}{r}
3\ 0\ 0 \\
-\ 1\ 3\ 8 \\
\hline
\end{array}
$$

⑫
$$
\begin{array}{r}
9\ 0\ 0 \\
-\ 5\ 8\ 9 \\
\hline
\end{array}
$$

🐾 뺄셈을 하세요.

①
```
   2 0 0
 -     9
```

②
```
   3 0 0
 -   6 2
```

빌려서 빌려줄게!

백의 자리

십의 자리

일의 자리

③
```
   6 0 0
 - 2 5 3
```

④
```
   5 0 0
 - 3 1 7
```

⑤
```
   8 0 0
 - 5 2 4
```

⑥
```
   7 0 0
 - 6 6 8
```

⑦
```
   9 0 0
 - 1 9 1
```

⑧
```
   6 0 0
 - 4 3 5
```

⑨
```
   8 0 0
 - 1 2 2
```

⑩
```
   7 0 0
 - 2 9 9
```

⑪
```
   9 0 0
 - 5 6 7
```

뺄셈을 하세요.

① 306
－197

② 404
－278

③ 901
－683

④ 700
－314

⑤ 500
－426

⑥ 600
－549

⑦ 800
－656

⑧ 600
－478

⑨ 500
－195

⑩ 700
－533

⑪ 900
－261

⑫ 800
－352

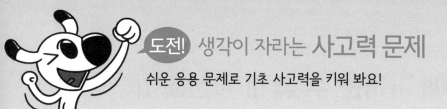

🐾 보기 와 같이 위쪽의 두 수의 차를 아래쪽의 빈칸에 써넣으세요.

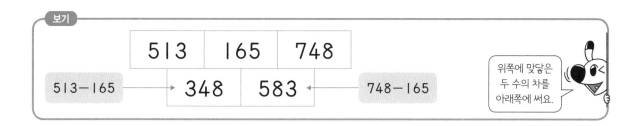

보기

| 513 | 165 | 748 |

513−165 → 348 583 ← 748−165

위쪽에 맞닿은 두 수의 차를 아래쪽에 써요.

1

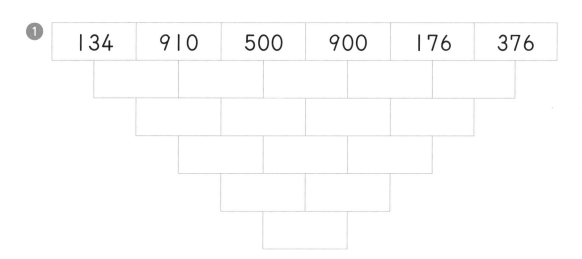

| 134 | 910 | 500 | 900 | 176 | 376 |

2

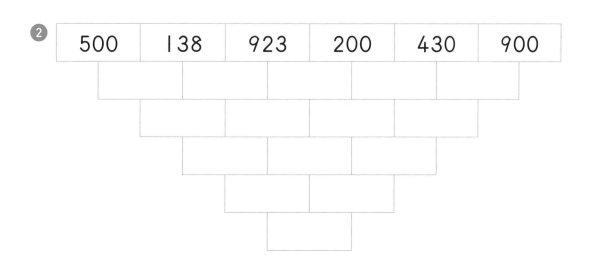

| 500 | 138 | 923 | 200 | 430 | 900 |

12 몇백에 가까운 수 쉽게 계산하기

☆ 623−397의 계산

• 빼는 수를 몇백보다 몇 작은 수로 만들어 쉽게 계산하기

$$623 - \boxed{397} = 226$$

400   3

223

226

397은 400보다 ^{1} ☐ 작은 수이므로,
623에서 400을 먼저 뺀 다음
그 값에 더 빼 준 3을 더해요.

• 빼는 수를 몇백으로 만들어 쉽게 계산하기

(어떤 수)−(몇백보다 몇 작은 수)
623−397

→

(어떤 수)+(몇)−(몇백)
(623+3)−(397+3)

$$623 - 397 = 226$$

(623+3) (397+3)

626 − 400

226

623에 3을 더해 ^{2} ☐ 으로,
397에 3을 더해 ^{3} ☐ 으로
만든 후 빼요.

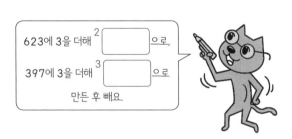

바빠 꿀팁!

• 몇백보다 몇 큰 수도 쉽게 계산할 수 있어요.

100을 먼저 빼고
7을 빼기

$$523 - 107 = 416$$

100   7

423

416

$$523 - 107 = 416$$

(523−7) (107−7)

516 − 100

416

두 수에서 각각 7을 빼어
516과 100으로
만들어 빼기

1. 3 2. 626 3. 400

 몇백으로 만들기 편리한 수만 몇백으로 만들어요.

🐾 뺄셈을 하세요.

① 526 − 298 = ☐

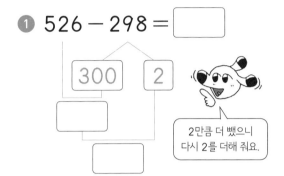

2만큼 더 뺐으니 다시 2를 더해 줘요.

② 713 − 196 = ☐

300 2

200 4

③ 671 − 493
= 671 − 500 + 7
= ☐ + 7
= ☐

더 뺀 수만큼 다시 더해 줘요.

④ 525 − 297
= 525 − 300 + ☐
= ☐ + ☐
= ☐

⑤ 714 − 195
= 714 − 200 + ☐
= ☐ + ☐
= ☐

⑥ 933 − 698
= 933 − 700 + ☐
= ☐ + ☐
= ☐

⑦ 423 − 198 = ☐

⑧ 735 − 596 = ☐

🐾 빼는 수를 몇백으로 만들어 뺄셈을 하세요.

1 $644 - 495 = \boxed{}$

$644 + 5 \quad 495 + 5$

$\parallel \qquad \parallel$

$\boxed{} - \boxed{}$

$\boxed{}$

2 $827 - 398 = \boxed{}$

$827 + 2 \quad 398 + 2$

$\parallel \qquad \parallel$

$\boxed{} - \boxed{}$

$\boxed{}$

3 $842 - 296$
$= (842 + 4) - (296 + 4)$
$= \boxed{} - \boxed{}$
$= \boxed{}$

똑같이
더해 줘요.

4 $473 - 199$
$= (473 + \boxed{}) - (199 + \boxed{})$
$= \boxed{} - \boxed{}$
$= \boxed{}$

5 $926 - 198$
$= (926 + \boxed{}) - (198 + \boxed{})$
$= \boxed{} - \boxed{}$
$= \boxed{}$

6 $710 - 594$
$= (710 + \boxed{}) - (594 + \boxed{})$
$= \boxed{} - \boxed{}$
$= \boxed{}$

7 $945 - 299 = \boxed{}$

8 $620 - 294 = \boxed{}$

🐾 다음 문장을 읽고 문제를 풀어 보세요.

① 538에서 399를 뺀 값을 구하세요.

_____

② 815에서 495를 뺀 값을 구하세요.

_____

③ 642에서 194를 뺀 값을 구하세요.

_____

④ 836에서 498을 뺀 값과 838에서 500을 뺀 값을 비교해 보세요.

_____

⑤ 474에서 197을 뺀 값과 477에서 200을 뺀 값을 비교해 보세요.

_____

세 수의 뺄셈은 무조건 앞에서부터!

☆ 842−275−389의 계산

• 세로로 계산하기

❶
```
    8 4 2
  − 2 7 5
    5 6 7
```

❷
```
    5 6 7
  − 3 8 9
    1 7 8
```

> 앞의 두 수를 먼저 계산한 다음

> 그 값에서 남은 수를 빼요.

• 가로로 계산하기

$$842 - 275 - 389 = \boxed{178}$$

❶ 567
❷ 178

842 − 275 ✕ 389

> 계산할 수 없어요.

세 수의 뺄셈은 반드시 [1] $\boxed{}$ 에서부터 두 수씩 차례로 계산합니다.

> 실수를 줄이려면 앞의 두 수부터 계산해요.

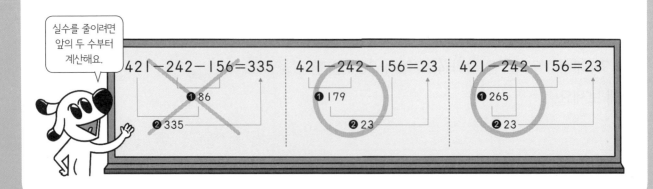

421−242−156=335 ✕
❶ 86
❷ 335

421−242−156=23 ⭕
❶ 179
❷ 23

421−242−156=23 ⭕
❶ 265
❷ 23

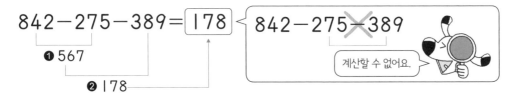

1. 앞

🐾 세 수의 뺄셈을 하세요.

1 $421 - 149 - 183 =$

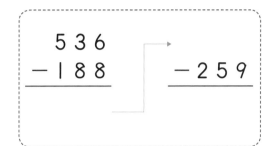

3 $614 - 278 - 167 =$

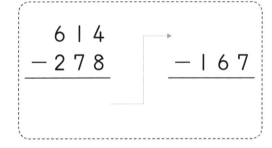

4 $763 - 196 - 398 =$

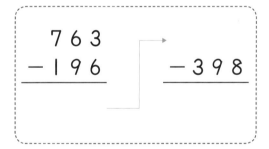

5 $702 - 459 - 156 =$

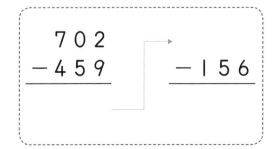

6 $824 - 387 - 249 =$

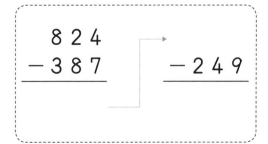

🐾 세 수의 뺄셈을 하세요.

① 523 − 196 − 278 =

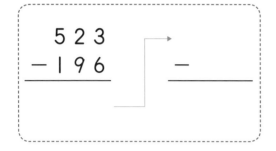

```
  5 2 3        ┌──→
− 1 9 6        │    −
─────────      │  ────────
```

② 601 − 278 − 147 =

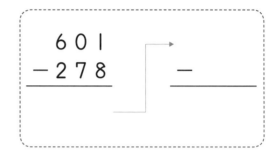

```
  6 0 1        ┌──→
− 2 7 8        │    −
─────────      │  ────────
```

③ 732 − 385 − 269 =

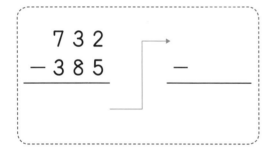

```
  7 3 2        ┌──→
− 3 8 5        │    −
─────────      │  ────────
```

④ 811 − 268 − 358 =

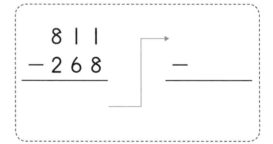

```
  8 1 1        ┌──→
− 2 6 8        │    −
─────────      │  ────────
```

⑤ 910 − 174 − 257 =

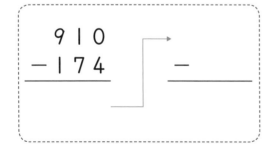

```
  9 1 0        ┌──→
− 1 7 4        │    −
─────────      │  ────────
```

⑥ 722 − 149 − 389 =

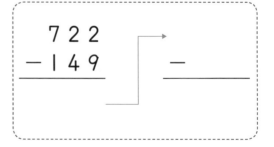

```
  7 2 2        ┌──→
− 1 4 9        │    −
─────────      │  ────────
```

🐾 뺄셈을 하세요.

❶ 420 − 49 − 192 = ☐
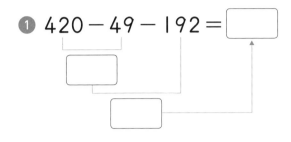

❷ 613 − 167 − 258 = ☐
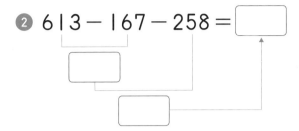

❸ 855 − 298 − 258 = ☐
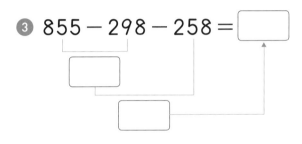

❹ 732 − 277 − 179 = ☐
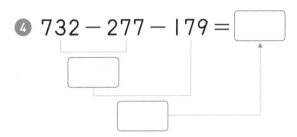

❺ 504 − 169 − 156 = ☐
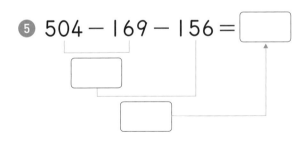

❻ 921 − 148 − 495 = ☐
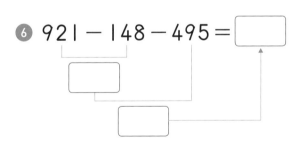

❼ 800 − 478 − 147 = ☐
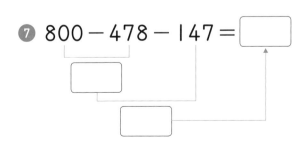

세 수의 뺄셈도
차근차근 풀면
어렵지 않아요.

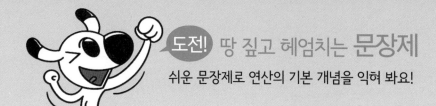
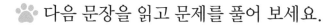 다음 문장을 읽고 문제를 풀어 보세요.

① 기차에 승객 573명이 타고 있었습니다. 첫째 역에서 158명이 내리고, 둘째 역에서 242명이 내렸습니다. 탄 승객은 없을 때 지금 기차에 타고 있는 승객은 몇 명일까요?

573명 ─158명 ─242명

_____

② 문구점에서 지우개 714개 중 지난달에 349개, 이번 달에 295개를 팔았습니다. 남은 지우개는 몇 개일까요?

_____

③ 이래는 435쪽짜리 책을 어제 120쪽, 오늘 135쪽을 읽었습니다. 남은 쪽수는 몇 쪽일까요?

_____

④ 빨간색, 노란색, 파란색 공이 모두 830개 있습니다. 그중 빨간색 공이 167개, 파란색 공이 235개 일 때, 노란색 공은 몇 개일까요?

_____

 속닥속닥

④ 노란색 공의 수는 전체 공의 수에서 빨간색 공과 파란색 공의 수를 빼서 구해요.

다양한 표현으로 푸는 뺄셈

☆ □보다 △ 작은 수

□(어떤 수) ── △ 작은 수 → □－△

• 647보다 232 작은 수 ➡ 647 ── －232 → 415

• 100이 6개, 10이 4개, 1이 7개인 수보다 232 작은 수 ➡ 647보다 232 작은 수
➡ 647－232＝415

100이 6개 ➡ 600
10이 4개 ➡ 40
1이 7개 ➡ 7
─────
647

• 100이 5개, 10이 14개, 1이 7개인 수보다 232 작은 수 ➡ 647보다 232 작은 수
➡ 647－232＝415

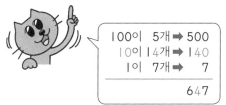

100이 5개 ➡ 500
10이 14개 ➡ 140
1이 7개 ➡ 7
─────
647

바빠 꿀팁!

같은 수도 여러 가지로 표현할 수 있어요.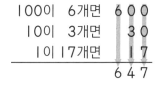

• 100이 5개, 10이 14개, 1이 7개인 수	• 100이 6개, 10이 3개, 1이 17개인 수
100이 5개면 5 0 0	100이 6개면 6 0 0
10이 14개면 1 4 0	10이 3개면 3 0
1이 7개면 7	1이 17개면 1 7
─────	─────
6 4 7	6 4 7

🐾 빈칸에 알맞은 수를 써넣으세요.

① 314보다 158 작은 수: ☐

314 ─ −158 → ☐

② 520보다 372 작은 수: ☐

520 ─ −372 → ☐

③ 734보다 295 작은 수: ☐

734 ─ −295 → ☐

④ 962보다 587 작은 수: ☐

962 ─ −587 → ☐

⑤ 642보다 248 작은 수: ☐

642 ─ −248 → ☐

⑥ 953보다 466 작은 수: ☐

953 ─ −466 → ☐

⑦ 451보다 192 작은 수: ☐

⑧ 816보다 639 작은 수: ☐

⑨ 704보다 135 작은 수: ☐

⑩ 901보다 463 작은 수: ☐

⑪ 436보다 296 작은 수: ☐

⑫ 852보다 374 작은 수: ☐

빈칸에 알맞은 수를 써넣으세요.

① 100이 3개, 10이 2개, 1이 6개인 수보다 257 작은 수: ☐

　100이 3개, 10이 2개, 1이 6개인 수: 326 —257→ ☐

② 100이 4개, 10이 4개, 1이 1개인 수보다 185 작은 수: ☐

　100이 4개, 10이 4개, 1이 1개인 수: ☐ —185→ ☐

③ 100이 7개, 10이 6개, 1이 3개인 수보다 387 작은 수: ☐

④ 100이 6개, 10이 6개, 1이 2개인 수보다 263 작은 수: ☐

⑤ 100이 2개, 10이 14개, 1이 5개인 수보다 196 작은 수: ☐

　100이 2개, 10이 14개, 1이 5개인 수: ☐ —196→ ☐

⑥ 100이 5개, 10이 32개, 1이 7개인 수보다 159 작은 수: ☐

　100이 5개, 10이 32개, 1이 7개인 수: ☐ —159→ ☐

⑦ 100이 7개, 10이 3개, 1이 21개인 수보다 469 작은 수: ☐

⑧ 100이 6개, 10이 14개, 1이 2개인 수보다 157 작은 수: ☐

🐾 두 수의 합과 차를 각각 구하세요.

①
523 397

합   차

빨셈을 잘하는 친구는 덧셈도 잘해요.
덧셈과 빨셈 실력을 발휘해 봐요.

차는 큰 수에서 작은 수를 빼면 돼요!

②
456 378

합   차

③
618 289

합   차

④
543 168

합   차

⑤
359 642

합   차

⑥
268 932

합   차

⑦
835 467

합   차

☆ 세 자리 수의 뺄셈식에서 ☐ 안의 수 구하기

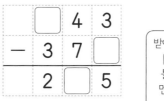

받아내림을 생각하지 않고
☐ 안의 수를 구해서
틀리는 경우가 많아요.
먼저 받아내림이 있는지
확인해 봐요.

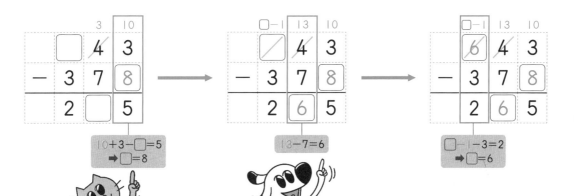

$10+3-☐=5$
→ $☐=8$

$13-7=6$

$☐-1-3=2$
→ $☐=6$

빼지는 수 3보다
결과 5가 더 크므로
받아내림이 있어요.

일의 자리로 받아내림하고 남은 수 3에서
7을 뺄 수 없으므로 백의 자리에서 10을
받아내림하여 계산해요.

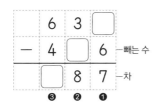

• 각 자리에서 받아내림이 있는지 확인하는 방법

❶ 일의 자리 계산: $☐-6 ≠ 7$
→ 받아내림이 있으므로 $10+☐-6=7$

❷ 십의 자리 계산: $2-☐ ≠ 8$
→ 받아내림이 있으므로 $⑫-☐=8$

❸ 백의 자리 계산: 십의 자리로 받아내림했으므로 $5-4=1$

A

```
  [5] 8  6
-  3 [3] 3
   2  5 [3]
```
받아내림이 없는 경우는 ☐ 안의 수를 구하기 쉬워요.

받아내림이 없어요!

🐾 ☐ 안에 알맞은 수를 써넣으세요.

1
```
  3 9 ☐
- 2 ☐ 3
─────
  1 2 5
```

2
```
  ☐ 7 6
- 3 6 3
─────
  3 ☐ 3
```

3
```
  5 3 9
- ☐ 2 0
─────
  2 1 ☐
```

4
```
  ☐ 8 8
- 2 3 ☐
─────
  2 5 2
```

5
```
  6 7 ☐
- 5 5 6
─────
  ☐ 2 3
```

6
```
  8 ☐ 8
- ☐ 1 1
─────
  6 5 ☐
```

7
```
  9 2 ☐
- 3 ☐ 4
─────
  5 5 6
```

8
```
  ☐ 3 1
- 4 8 7
─────
  2 ☐ 4
```

9
```
  4 0 6
- ☐ 2 9
─────
  2 7 ☐
```

10
```
  ☐ 4 3
- 5 6 ☐
─────
    7 4
```

11
```
  8 1 ☐
- 6 5 8
─────
  ☐ 5 4
```

12
```
  5 ☐ 5
- 2 4 6
─────
  2 9 ☐
```

> **B**

🐾 ☐ 안에 알맞은 수를 써넣으세요.

①
```
    5 3 6
 -  1 ☐ 2
 ─────────
   ☐ 4 ☐
```

②
```
    7 2 ☐
 -  4 5 8
 ─────────
   ☐ ☐ 3
```

이번 단계를 끝내고 나면
실력이 한 단계 올라갈 거예요.

③
```
    4 1 8
 -  2 6 ☐
 ─────────
   ☐ ☐ 9
```

④
```
    2 9 4
 -  ☐ 6 8
 ─────────
     ☐ ☐
```

⑤
```
    8 ☐ 2
 -  6 4 7
 ─────────
   ☐ 8 ☐
```

⑥
```
    6 0 3
 -  1 ☐ 4
 ─────────
   ☐ 2 ☐
```

⑦
```
    9 3 ☐
 -  5 8 9
 ─────────
   ☐ ☐ 2
```

⑧
```
    ☐ 0 0
 -  1 3 2
 ─────────
   3 ☐ ☐
```

⑨
```
    4 2 4
 -  2 4 ☐
 ─────────
   ☐ ☐ 5
```

⑩
```
    3 6 0
 -  ☐ 8 9
 ─────────
   1 ☐ ☐
```

⑪
```
    7 ☐ 5
 -  2 4 6
 ─────────
   ☐ 6 ☐
```

🐾 □ 안에 알맞은 수를 써넣으세요.

①
```
  □ 8 1
-   1 □ 5
─────────
    2 5 □
```

②
```
  □ 2 6
-   4 □ 8
─────────
    1 4 □
```

③
```
  □ 3 4
-   2 □ 5
─────────
    4 6 □
```

④
```
  9 2 □
-   5 □ 6
─────────
  □ 4 2
```

⑤
```
  5 3 □
-   3 □ 2
─────────
  □ 8 8
```

⑥
```
  3 6 □
-   1 □ 9
─────────
  □ 7 5
```

⑦
```
  □ 1 5
-   1 □ 8
─────────
    4 9 □
```

⑧
```
  □ 0 3
-   7 □ 6
─────────
    1 5 □
```

⑨
```
  □ 4 2
-   4 □ 4
─────────
    3 8 □
```

⑩
```
  7 1 □
-   3 □ 3
─────────
  □ 3 9
```

뺄셈에서 □ 채우기는 더 어렵네.

아니야~. 받아내림이 있지만 잘 확인하면 돼!

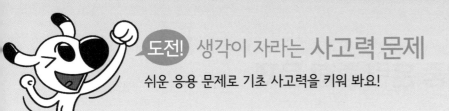

도전! 생각이 자라는 사고력 문제
쉬운 응용 문제로 기초 사고력을 키워 봐요!

🐾 각 뺄셈식에서 같은 모양은 같은 숫자를 나타냅니다. 모양에 알맞은 숫자를 각각 구하세요.

1
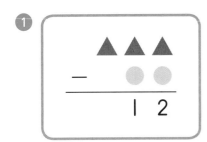

▲ = 1 , ● = 9

계산 결과가 두 자리 수라는 건
백의 자리에서 받아내림이 있었다는 거예요.

2
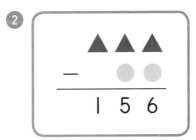

▲ = ☐ , ● = ☐

3

▲▲▲
− ●●
2 7 8

▲ = ☐ , ● = ☐

4

▲▲▲
− ●●
4 6 7

▲ = ☐ , ● = ☐

5
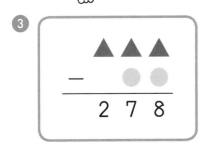

▲▲▲
− ●●
5 8 9

▲ = ☐ , ● = ☐

6
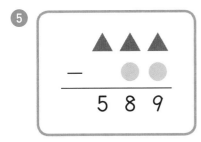

▲▲▲
− ●●
3 6 7

▲ = ☐ , ● = ☐

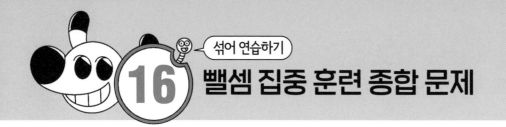
🐾 빨셈을 하세요.

①   3 2 7
   −   4

②   2 6 1
   −   2 5

③   4 3 6
   − 1 7 8

④   9 1 5
   − 6 3 7

⑤   7 6 4
   − 5 1 3

⑥   6 3 5
   − 3 6 3

⑦   5 2 8
   − 1 2 9

⑧   4 7 0
   − 2 3 5

⑨   8 5 6
   − 2 4 1

⑩   7 1 8
   − 3 4 3

⑪   4 7 9
   − 1 2 6

⑫   9 5 3
   − 2 7 8

실수를 줄이기 위해서는
받아내림 표시를 잊지 않고 해요!

빨셈을 하세요.

❶
$$\begin{array}{r} 235 \\ -\ 128 \\ \hline \end{array}$$

❷
$$\begin{array}{r} 800 \\ -\ 413 \\ \hline \end{array}$$

❸
$$\begin{array}{r} 486 \\ -\ 253 \\ \hline \end{array}$$

❹
$$\begin{array}{r} 625 \\ -\ 298 \\ \hline \end{array}$$

❺
$$\begin{array}{r} 931 \\ -\ 785 \\ \hline \end{array}$$

❻
$$\begin{array}{r} 537 \\ -\ 394 \\ \hline \end{array}$$

❼
$$\begin{array}{r} 759 \\ -\ 316 \\ \hline \end{array}$$

❽
$$\begin{array}{r} 406 \\ -\ 129 \\ \hline \end{array}$$

❾
$$\begin{array}{r} 892 \\ -\ 486 \\ \hline \end{array}$$

❿ $527-163-254=$

⓫ $761-328-149=$

⓬ $904-471-183=$

⓭ $800-152-564=$

🐾 ☐ 안에 알맞은 수를 써넣으세요.

① 593보다 167 작은 수: ☐

② 100이 4개, 10이 7개, 1이 5개인 수보다 207 작은 수: ☐

③ 100이 9개, 10이 5개, 1이 3개인 수보다 383 작은 수: ☐

④ 100이 8개, 10이 6개, 1이 17개인 수보다 195 작은 수: ☐

⑤ 100이 3개, 10이 14개, 1이 5개인 수보다 286 작은 수: ☐

⑥
```
    5 1 ☐
-   1 ☐ 5
─────────
    3 2 6
```

⑦
```
    5 3 2
-   ☐ 7 8
─────────
    2 5 ☐
```

⑧
```
    ☐ 9 3
-   2 6 6
─────────
    1 2 ☐
```

⑨
```
    4 7 ☐
-   2 ☐ 6
─────────
    ☐ 7 4
```

⑩
```
    8 5 ☐
-   1 ☐ 7
─────────
    ☐ 5 6
```

⑪
```
    ☐ 4 1
-   3 9 5
─────────
    2 ☐ ☐
```

두 수의 차가 205가 되도록 두 수를 이어 보세요.

923

452

657

369

446

718

532

241

574

327

섞어서
연습해요!

16

🐾 뺄셈식이 맞는 길로 가면 학교에 도착합니다. 학교에 갈 수 있는 길을 따라 선을 그어 보세요.

❶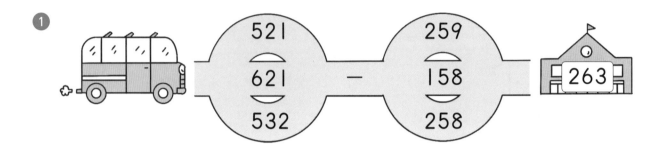

❷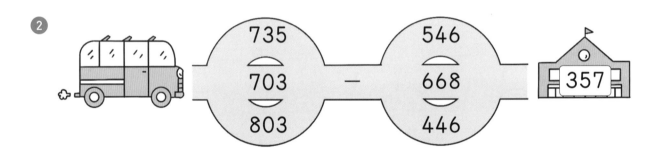

❸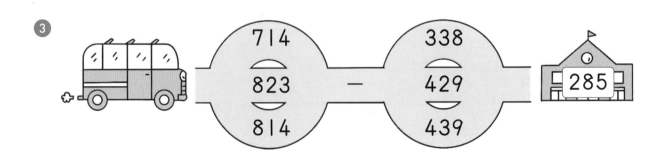

셋째 마당

뺄셈 실력 쌓기

셋째 마당이 뺄셈의 마지막 마당이에요. 네 자리 수의 뺄셈은 세 자리 수의 뺄셈에서 자릿수가 한 자리 늘어나서 받아내림이 최대 3번까지 있어요. 뺄셈의 원리는 똑같다는 것을 기억하고 다양한 유형의 문제로 실력을 쌓아 자신감을 키워 봐요.

	공부할 내용!	완료	10일 진도	20일 진도
17	차가 크려면 큰 수에서 작은 수를 빼	☐		13일차
18	덧셈과 뺄셈이 섞여 있는 식도 순서대로	☐	7일차	14일차
19	모르는 수가 하나인 식 먼저 계산해	☐		15일차
20	전체 길이는 겹치는 만큼을 빼면 돼	☐	8일차	16일차
21	네 자리 수의 뺄셈도 계산 방법은 똑같아!	☐		17일차
22	위에서 받아내리면 항상 10이 커져	☐	9일차	18일차
23	윗자리 숫자가 0이면 한 자리 더 위에서 받아내림해	☐		19일차
24	뺄셈 실력 쌓기 종합 문제	☐	10일차	20일차

17 차가 크려면 큰 수에서 작은 수를 빼

| 4 | 7 | 6 | 8 |

가장 큰 수를 만들 때 카드 4장 중 3장,
둘째로 큰 수를 만들 때도
카드 4장 중 3장을 골라 사용해요!

☆ 숫자 카드로 차가 가장 큰 (세 자리 수)−(세 자리 수) 만들기

 ❶ 큰 수부터 차례로 놓기 ➡  ❷ 가장 큰 수와 가장 작은 수의 뺄셈식 만들기

| 8 > 7 > 6 > 4 |
| ④   ③   ②   ① |

	백의 자리	십의 자리	일의 자리
가장 큰 수:	④	③	②
가장 작은 수:	①	②	③

→

	백의 자리	십의 자리	일의 자리
	8	7	6
−	4	6	7
	4	0	9

차가 가장 큰 뺄셈식 ➡ 가장 큰 수에서 가장 작은 수를 빼면 차가 가장 큽니다.

➡ (가장 $^1\boxed{}$ 수)−(가장 작은 수)

$$=876-467=\,^2\boxed{}$$

바빠 꿀팁!

합이 가장 큰 경우	차가 가장 큰 경우
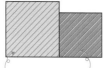	
가장 큰 수 + 둘째로 큰 수	가장 큰 수 − 가장 작은 수
합이 가장 크려면	차가 가장 크려면
가장 큰 수와 둘째로 큰 수를 더해요.	가장 큰 수에서 가장 작은 수를 빼요.

숫자 카드를 한 번씩 사용하여 만들 수 있는 세 자리 수로 차가 가장 큰 (세 자리 수)−(세 자리 수)를 만들고, 차를 구하세요.

1

```
  7 4 1
− 1 4 7
───────
```

2

3

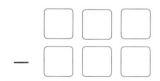

4

5

6

🐾 4장의 숫자 카드 중 3장을 골라 한 번씩 사용하여 만들 수 있는 세 자리 수로 차가 가장 큰 (세 자리 수)−(세 자리 수)를 만들고, 차를 구하세요.

❶

$$
\begin{array}{r}
8\ 4\ 1 \\
-\ 1\ 0\ 4 \\
\hline
\end{array}
$$

가장 작은 세 자리 수를 만들 때 백의 자리에는 0이 오면 안 돼요.

❷ 2 9 8 1

$$
\begin{array}{r}
\square\ \square\ \square \\
-\ \square\ \square\ \square \\
\hline
\end{array}
$$

❸ 0 7 9 2

$$
\begin{array}{r}
\square\ \square\ \square \\
-\ \square\ \square\ \square \\
\hline
\end{array}
$$

❹ 4 6 2 8

$$
\begin{array}{r}
\square\ \square\ \square \\
-\ \square\ \square\ \square \\
\hline
\end{array}
$$

❺ 7 5 9 6

$$
\begin{array}{r}
\square\ \square\ \square \\
-\ \square\ \square\ \square \\
\hline
\end{array}
$$

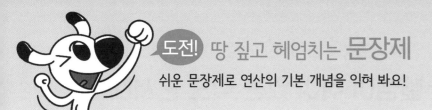
🐾 다음 문장을 읽고 문제를 풀어 보세요.

❶ 숫자 카드를 한 번씩 사용하여 만들 수 있는 세 자리 수로 차가 가장 큰 (세 자리 수)—(세 자리 수)의 차를 구하세요.

5 4 2

_____

❷ 4장의 숫자 카드 중 3장을 골라 만들 수 있는 세 자리 수로 차가 가장 큰 (세 자리 수)—(세 자리 수)의 차를 구하세요.

2 4 9 5

_____

❸ 숫자 카드를 한 번씩 모두 사용하여 만들 수 있는 차가 가장 큰 (세 자리 수)—(세 자리 수)의 차를 구하세요.

2 4 1 3 8 7

_____

속닥속닥

❸ (세 자리 수)—(세 자리 수)를 □□□—□□□로 놓고 숫자 카드를 넣어 식을 완성해요.

☆ 327＋256−234의 계산

• 세로로 계산하기

❶
	3	2	7
＋	2	5	6
	5	8	3

❷
	5	8	3
−	2	3	4
	3	4	9

• 가로로 계산하기

$$327＋256−234＝\boxed{349}$$

❶ 583
❷ 349

덧셈과 뺄셈이 섞여 있는 계산은 반드시 앞에서부터 두 수씩 계산해요.

☆ 462−215＋143의 계산

• 세로로 계산하기

❶
	4	6	2
−	2	1	5
	2	4	7

❷
	2	4	7
＋	1	4	3
	3	9	0

• 가로로 계산하기

$$462−215＋143＝\boxed{390}$$

❶ 247
❷ 390

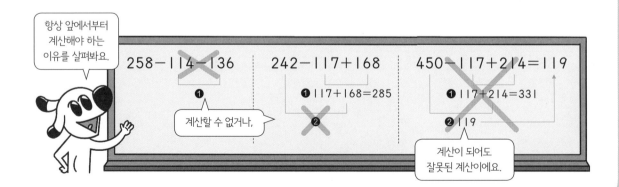

항상 앞에서부터 계산해야 하는 이유를 살펴봐요.

258−114❌136
❶
계산할 수 없거나,

242−117＋168
❶117＋168＝285
❷❌

450❌117＋214＝119
❶117＋214＝331
❷119

계산이 되어도 잘못된 계산이에요.

계산을 하세요.

1 135+427−118=☐

2 341−116+125=☐

3 238+393−454=☐

4 613−154+318=☐

5 335+255−122=☐

6 472−259+247=☐

7 547+124−236=☐

8 385−248+455=☐

🐾 계산을 하세요.

① 356＋99－217＝

```
  356
＋ 99      －
```

② 511－272＋214＝

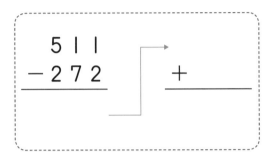

③ 353＋117－119＝

```
  353
＋117      －
```

④ 634－175＋327＝

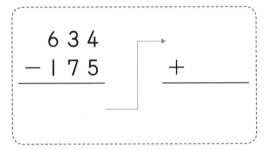

⑤ 344＋38－27＝

```
  344
＋ 38      －
```

⑥ 924－525＋247＝

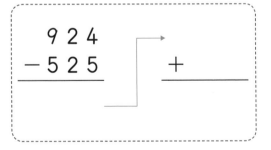

🐾 주어진 수를 ☐ 안에 써넣어 식을 완성해 보세요.

①

| 17 | 27 |

$48+\boxed{}-\boxed{}=58$

계산 결과가 커졌다면
큰 수를 더하고, 작은 수를 뺀 거예요.
계산 결과가 작아졌다면
작은 수를 더하고, 큰 수를 뺀 거예요.

②

| 35 | 25 |

$94+\boxed{}-\boxed{}=104$

③

| 48 | 58 |

$129+\boxed{}-\boxed{}=119$

④

| 52 | 42 |

$120-\boxed{}+\boxed{}=110$

⑤

| 102 | 112 |

$219-\boxed{}+\boxed{}=229$

⑥

| 55 | 35 |

$49-\boxed{}+\boxed{}=69$

⑦

| 310 | 210 |

$364-\boxed{}+\boxed{}=464$

✪ 어떤 수를 구하여 계산하기

❶ 덧셈식에서 어떤 수 ●를 구합니다.

모르는 수가 1개인 식

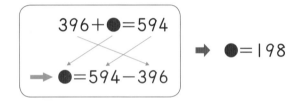

➡ ●=198

❷ ❶에서 구한 ●의 값을 뺄셈식에 넣어 계산 결과를 구합니다.

$$396 - ● \xrightarrow{\ ●=198\ } 396 - 198 = \boxed{198}$$

두 식에서 ●와 □에 알맞은 값을 구하세요.

1

$96 - ● = □$
$96 + ● = 104$

● = _____

□ = _____

2

$126 - ● = □$
$126 + ● = 127$

● = _____

□ = _____

3

$74 - ● = □$
$74 + ● = 120$

● = _____

□ = _____

4

$216 - ● = □$
$216 + ● = 340$

● = _____

□ = _____

5

$117 - ● = □$
$117 + ● = 190$

● = _____

□ = _____

6

$154 - ● = □$
$154 + ● = 209$

● = _____

□ = _____

7

$310 - ● = □$
$310 + ● = 409$

● = _____

□ = _____

8

$88 - ● = □$
$88 + ● = 131$

● = _____

□ = _____

🐾 두 식에서 ●와 □에 알맞은 값을 구하세요.

1

$$400-●=□$$
$$●+400=720$$

●= _____

□= _____

덧셈은 더하는 두 수의
순서를 서로 바꿔도
계산 결과가 같다는 것!
기억하죠?

2

$$311-●=□$$
$$●+311=504$$

●= _____

□= _____

3

$$125-●=□$$
$$●+125=186$$

●= _____

□= _____

4

$$618-●=□$$
$$●+618=726$$

●= _____

□= _____

5

$$92-●=□$$
$$●+92=150$$

●= _____

□= _____

6

$$146-●=□$$
$$●+146=210$$

●= _____

□= _____

7

$$236-●=□$$
$$●+236=417$$

●= _____

□= _____

🐾 다음 문장을 읽고 문제를 풀어 보세요.

① 284에서 어떤 수 ●를 빼야 할 것을 잘못하여 더했더니 394가 되었습니다. 어떤 수 ●는 얼마일까요?

$$284 - ● = \square$$
$$284 + ● = 394$$

_____

② 844에서 어떤 수 ●를 빼야 할 것을 잘못하여 더했더니 931이 되었습니다. 바르게 계산한 값을 구하세요.

$$844 - ● = \square$$
$$844 + ● = 931$$

_____

③ 어떤 수에서 158을 빼야 할 것을 잘못하여 더했더니 358이 되었습니다. 어떤 수는 얼마일까요?

어떤 수 = ●
$$● - 158 = \square$$
$$● + 158 = 358$$

_____

④ 어떤 수에서 321을 빼야 할 것을 잘못하여 더했더니 746이 되었습니다. 바르게 계산한 값을 구하세요.

어떤 수 = ●
$$● - 321 = \square$$
$$● + 321 = 746$$

_____

속닥속닥

① 바르게 계산한 식과 잘못 계산한 식을 먼저 써요.
② 바르게 계산한 식을 만들어요. ➡ 844 - ●
④ 어떤 수를 ●라 하고, 바르게 계산한 식을 만들어요. ➡ ● - 321

20 전체 길이는 겹치는 만큼을 빼면 돼

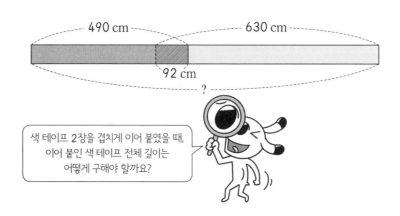

색 테이프 2장을 겹치게 이어 붙였을 때,
이어 붙인 색 테이프 전체 길이는
어떻게 구해야 할까요?

✿ 전체 길이 구하기

방법 1 겹치는 부분을 먼저 빼서 구하기

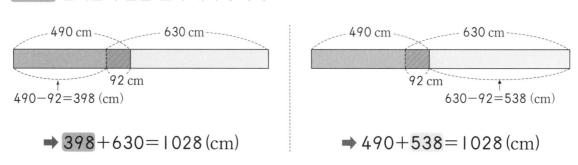

490−92=398 (cm)

➡ $\boxed{398}$+630=1028 (cm)

630−92=538 (cm)

➡ 490+$\boxed{538}$=1028 (cm)

방법 2 각각의 길이를 더하고 겹치는 부분을 빼기

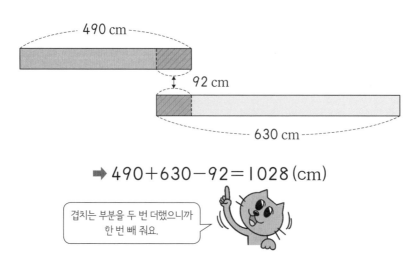

➡ 490+630−92=1028 (cm)

겹치는 부분을 두 번 더했으니까
한 번 빼 줘요.

이어 붙인 색 테이프의 전체 길이는 몇 m인지 구하세요.

1

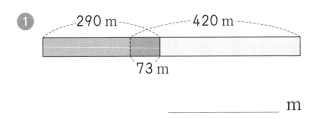

앞에서 배운 2가지 방법 기억하죠? 더 쉬운 방법으로 풀어 봐요~.

_____ m

2

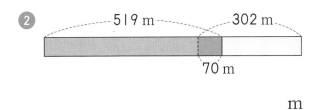

_____ m

3

_____ m

4

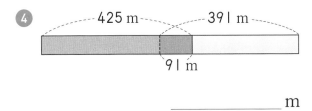

_____ m

5

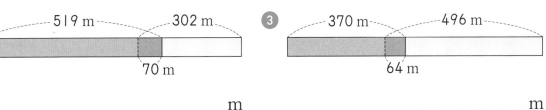

_____ m

6

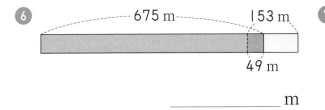

_____ m

7

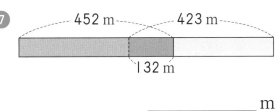

_____ m

😺 수직선의 전체 길이를 구하세요.

①

120
565   398

_____

②
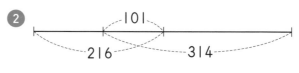
101
216   314

_____

③
170
619   294

_____

④
96
197   245

_____

⑤
117
514   409

_____

⑥
89
364   273

_____

⑦
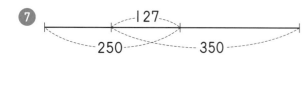
127
250   350

_____

⑧
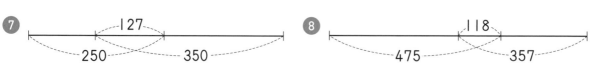
118
475   357

_____

🐾 ☐ 안에 알맞은 수를 써넣으세요.

①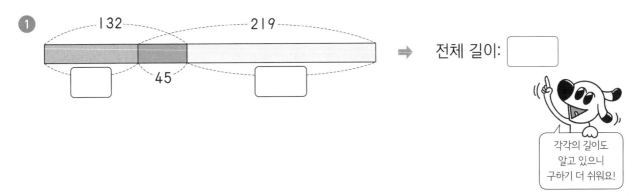

➡ 전체 길이: ☐

각각의 길이도
알고 있으니
구하기 더 쉬워요!

②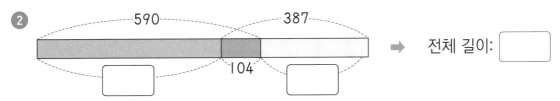

➡ 전체 길이: ☐

③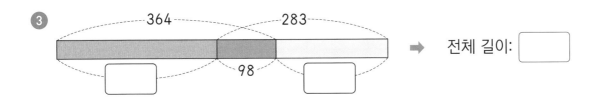

➡ 전체 길이: ☐

④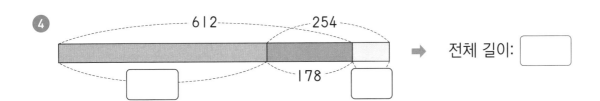

➡ 전체 길이: ☐

21 네 자리 수의 뺄셈도 계산 방법은 똑같아!

☆ 받아내림이 없는 (네 자리 수)−(네 자리 수)

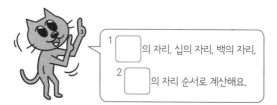

❶ 일의 자리 계산: 6−2=4

❷ 십의 자리 계산: 7−4=3

❸ 백의 자리 계산: 5−3=2

❹ 천의 자리 계산: 3−2=1

1 ☐ 의 자리, 십의 자리, 백의 자리,

2 ☐ 의 자리 순서로 계산해요.

각 자리 수끼리의 차는 각 자리의 아래에 써요.

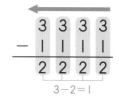

• 오른쪽부터 차례로 일의 자리, 십의 자리, 백의 자리, 천의 자리……예요.

천만	백만	십만	만	천	백	십	일

←

계산 순서

• 자릿수가 늘어나도 일의 자리부터 같은 자리 수끼리 계산하는 방법은 똑같아요.

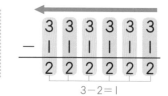

3−2=1　　3−2=1　　3−2=1

🐾 뺄셈을 하세요.

①
```
  4 6 3 9
-       5
```

②
```
  1 2 5 6
-     5 4
```

받아내림이 없는 뺄셈은 자릿수가 늘어나도 어렵지 않죠?

③
```
  3 9 2 4
-   2 1 3
```

④
```
  5 4 7 3
-   4 5 1
```

⑤
```
  7 3 8 5
-   3 2 5
```

⑥
```
  4 8 4 7
-   7 3 2
```

⑦
```
  3 6 5 6
-   1 2 4
```

⑧
```
  9 7 4 8
-   1 0 4
```

⑨
```
  7 9 7 6
-   6 5 2
```

⑩
```
  9 5 8 7
-   4 3 4
```

⑪
```
  8 6 2 7
-   5 1 3
```

🐾 뺄셈을 하세요.

①
```
  7 0 0 0
- 4 0 0 0
```

②
```
  5 8 0 0
- 1 5 0 0
```

③
```
  4 2 5 0
- 3 1 4 0
```

④
```
  3 6 2 7
- 1 5 0 0
```

⑤
```
  6 5 4 8
- 4 2 3 0
```

⑥
```
  7 9 3 6
- 5 6 1 4
```

⑦
```
  2 7 5 8
- 1 4 3 2
```

⑧
```
  9 3 7 6
- 3 1 3 4
```

⑨
```
  8 4 3 9
- 4 2 0 5
```

⑩
```
  7 8 9 5
- 6 1 2 5
```

⑪
```
  8 9 6 4
- 2 6 3 1
```

⑫
```
  9 5 7 3
- 2 1 4 2
```

도전! 땅 짚고 헤엄치는 문장제

쉬운 문장제로 연산의 기본 개념을 익혀 봐요!

다음 문장을 읽고 문제를 풀어 보세요.

1. 가장 큰 수와 가장 작은 수의 차를 구하세요.

8461	5896	5350

____

2. 민하의 한 달 용돈은 6000원입니다. 민하 동생의 한 달 용돈은 민하보다 2000원 적을 때, 민하 동생의 한 달 용돈은 얼마일까요?

____

3. 구슬을 현주는 7439개 가지고 있고, 혜성이는 현주보다 1025개 더 적게 가지고 있습니다. 혜성이가 가지고 있는 구슬은 몇 개일까요?

____

4. 미술관에 방문한 사람이 지난주에는 4857명, 이번 주에는 3135명입니다. 지난주에 방문한 사람은 이번 주에 방문한 사람보다 몇 명 더 많을까요?

____

22 위에서 받아내리면 항상 10이 커져

☆ 받아내림이 1번 있는 (네 자리 수)−(네 자리 수)

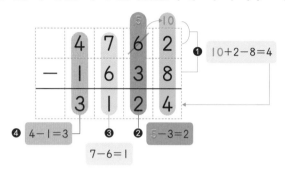

❶ $10+2-8=4$

❹ $4-1=3$ **❸**   **❷** $5-3=2$

$7-6=1$

☆ 받아내림이 2번 있는 (네 자리 수)−(네 자리 수)

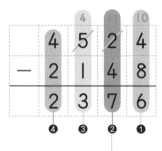

❶ 일의 자리 계산: $10+4-8=14-8=6$

❷ 십의 자리 계산: $2-1+10-4=11-4=7$

❸ 백의 자리 계산: $5-1-1=4-1=3$

❹ 천의 자리 계산: $4-2=2$

일의 자리로 받아내림하고 남은 수 $2-1=1$과
백의 자리에서 받아내림하여 받은 10의 합에서 4를 빼요.

☆ 받아내림이 3번 있는 (네 자리 수)−(네 자리 수)

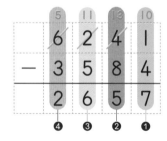

❶ 일의 자리 계산: $10+1-4=11-4=7$

❷ 십의 자리 계산: $4-1+10-8=13-8=5$

❸ 백의 자리 계산: $2-1+10-5=11-5=6$

❹ 천의 자리 계산: $6-1-3=5-3=2$

받아내림하면 바로 윗자리 수는 $^1\boxed{}$ 작아지고 받아내림한 수는 10 커집니다.

🐾 뺄셈을 하세요.

①
```
  3 5 7 1
- 2 0 6 4
```

②
```
  5 6 3 9
- 4 2 7 6
```

③
```
  4 2 4 8
- 1 9 3 7
```

④
```
  8 3 6 7
- 6 5 5 2
```

⑤
```
  9 4 8 3
- 3 1 4 4
```

⑥
```
  7 8 1 5
- 5 2 3 3
```

⑦
```
  6 5 7 2
- 3 3 2 4
```

⑧
```
  5 1 4 6
- 2 0 7 4
```

⑨
```
  9 6 2 9
- 7 4 6 5
```

⑩
```
  2 7 2 0
- 1 5 1 6
```

⑪
```
  7 9 5 8
- 4 6 8 2
```

⑫
```
  8 2 6 4
- 2 3 5 1
```

🐾 뺄셈을 하세요.

① 　 1 8 2 3
　 − 1 4 2 6
　 ───────

② 　 2 3 2 7
　 − 1 6 5 4
　 ───────

받아내림이
여러 번 있어도
문제 없어요.

③ 　 4 2 5 6
　 − 2 4 8 3
　 ───────

④ 　 5 2 8 1
　 − 1 6 7 7
　 ───────

⑤ 　 6 3 3 2
　 − 4 2 4 8
　 ───────

⑥ 　 7 1 8 2
　 − 3 5 2 3
　 ───────

⑦ 　 8 4 1 7
　 − 5 7 3 6
　 ───────

⑧ 　 9 5 2 3
　 − 7 4 9 5
　 ───────

⑨ 　 8 7 2 3
　 − 3 5 4 9
　 ───────

⑩ 　 9 2 1 4
　 − 4 7 2 1
　 ───────

⑪ 　 7 3 6 8
　 − 1 7 4 9
　 ───────

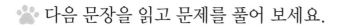

🐾 다음 문장을 읽고 문제를 풀어 보세요.

① 두 수의 차를 구하세요.

> 9532   6591

_____

② 가장 큰 수와 가장 작은 수의 차를 구하세요.

> 5461   4195   4853

_____

③ 수정이네 동네 도서관에는 책이 1234권, 재하네 동네 도서관에는 책이 1086권 있습니다. 수정이네 동네 도서관에는 재하네 동네 도서관보다 책이 몇 권 더 많을까요?

_____

④ 백두산의 높이는 2750 m이고, 한라산의 높이는 1947 m입니다. 어느 산이 몇 m 더 높을까요?

_____ , _____

백두산   한라산
2750 m   1947 m

23 윗자리 숫자가 0이면 한 자리 더 위에서 받아내림해

✿ (몇천)−(네 자리 수)의 계산

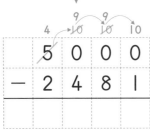

일의 자리부터 계산할 때, 바로 윗자리에서 받아내림할 수 없으므로 받아내림할 수 있는 한 자리 또는 두 자리 더 위에서부터 받아내림합니다.

십의 자리에서 받아내림할 땐 백의 자리에서 받아내림한 수에서, 일의 자리에서 받아내림할 땐 십의 자리에서 받아내림한 수에서 받아내림합니다.

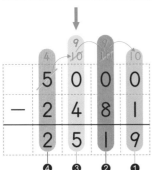

❶ 일의 자리 계산: $10-1=9$

❷ 십의 자리 계산: $10-1-8=9-8=1$

❸ 백의 자리 계산: $10-1-4=9-4=5$

❹ 천의 자리 계산: $5-1-2=4-2=2$

 꿀팁!

• 빼지는 수에 0이 있는 경우

받아내림할 때, 바로 윗자리의 수가 0인 경우 그 윗자리 수에서 받아내림한 다음 아래로 받아내림해요.

🐾 뺄셈을 하세요.

①   4 2 0 3
   − 3 4 1 8
————————

②   6 7 0 4
   − 3 9 6 2
————————

③   8 0 1 8
   − 6 3 2 9
————————

④   5 0 1 0
   − 1 6 5 4
————————

⑤   7 0 6 2
   − 2 8 7 3
————————

⑥   9 4 0 5
   − 1 4 3 7
————————

⑦   8 1 0 0
   − 2 7 2 5
————————

⑧   9 0 0 2
   − 4 3 1 8
————————

⑨   6 0 0 8
   − 3 1 9 7
————————

⑩   4 2 0 0
   − 2 4 8 6
————————

⑪   3 5 0 0
   − 1 5 3 1
————————

⑫   7 0 0 6
   − 4 2 4 9
————————

🐾 **뺄셈을 하세요.**

①
$$\begin{array}{r} 3000 \\ -234 \\ \hline \end{array}$$

②
$$\begin{array}{r} 5000 \\ -876 \\ \hline \end{array}$$

③
$$\begin{array}{r} 4000 \\ -2468 \\ \hline \end{array}$$

④
$$\begin{array}{r} 6000 \\ -3579 \\ \hline \end{array}$$

⑤
$$\begin{array}{r} 7000 \\ -2617 \\ \hline \end{array}$$

⑥
$$\begin{array}{r} 8000 \\ -1025 \\ \hline \end{array}$$

⑦
$$\begin{array}{r} 9000 \\ -4321 \\ \hline \end{array}$$

⑧
$$\begin{array}{r} 6000 \\ -2982 \\ \hline \end{array}$$

⑨
$$\begin{array}{r} 5000 \\ -1333 \\ \hline \end{array}$$

⑩
$$\begin{array}{r} 8000 \\ -5555 \\ \hline \end{array}$$

⑪
$$\begin{array}{r} 7000 \\ -1294 \\ \hline \end{array}$$

⑫
$$\begin{array}{r} 9000 \\ -7747 \\ \hline \end{array}$$

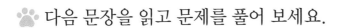

도전! 땅 짚고 헤엄치는 **문장제**

쉬운 문장제로 연산의 기본 개념을 익혀 봐요!

🐾 다음 문장을 읽고 문제를 풀어 보세요.

① 7804에서 3319를 빼면 얼마일까요?

_____

② 두 수의 차를 구하세요.

> 6500   4517

_____

③ 경수는 740원짜리 사탕을 1개 사고 천 원을 냈습니다. 경수가 받을 거스름돈은 얼마일까요?

_____

 —

740원

④ 경호는 5000원 중에서 2480원을 사용했습니다. 경호에게 남은 돈은 얼마일까요?

_____

🐾 뺄셈을 하세요.

①
```
   3417
 −    2
```

②
```
   2697
 −  436
```

③
```
   6853
 − 2510
```

④
```
   1392
 −   68
```

⑤
```
   7504
 −  321
```

⑥
```
   5436
 − 1925
```

⑦
```
   3400
 − 1193
```

⑧
```
   9355
 − 2687
```

⑨
```
   8253
 − 3728
```

⑩
```
   6274
 −  496
```

⑪
```
   4167
 − 1269
```

⑫
```
   5000
 − 1438
```

🐾 뺄셈을 하세요.

①
$$\begin{array}{r} 8946 \\ -15 \\ \hline \end{array}$$

②
$$\begin{array}{r} 3523 \\ -18 \\ \hline \end{array}$$

③
$$\begin{array}{r} 5417 \\ -29 \\ \hline \end{array}$$

④
$$\begin{array}{r} 6284 \\ -752 \\ \hline \end{array}$$

⑤
$$\begin{array}{r} 2000 \\ -161 \\ \hline \end{array}$$

⑥
$$\begin{array}{r} 5632 \\ -1817 \\ \hline \end{array}$$

⑦
$$\begin{array}{r} 7060 \\ -5925 \\ \hline \end{array}$$

⑧
$$\begin{array}{r} 4257 \\ -3469 \\ \hline \end{array}$$

⑨
$$\begin{array}{r} 9514 \\ -6183 \\ \hline \end{array}$$

⑩
$$\begin{array}{r} 5839 \\ -1824 \\ \hline \end{array}$$

⑪
$$\begin{array}{r} 8528 \\ -4375 \\ \hline \end{array}$$

⑫
$$\begin{array}{r} 6000 \\ -2352 \\ \hline \end{array}$$

섞어서 연습해요!

🐾 뺄셈을 하세요.

①
```
  3 6 0 4
- 1 5 8 2
```

②
```
  1 9 8 7
- 1 3 6 4
```

③
```
  4 3 5 2
- 2 6 7 8
```

④
```
  5 3 4 1
- 2 6 2 4
```

⑤
```
  9 0 2 0
- 3 1 6 3
```

⑥
```
  8 6 4 9
- 6 5 3 8
```

⑦
```
  7 5 2 4
- 4 5 6 7
```

⑧
```
  6 7 4 1
- 3 2 0 5
```

⑨
```
  2 8 0 0
- 1 7 1 6
```

⑩
```
  8 0 0 0
- 6 3 1 6
```

⑪
```
  4 6 2 7
- 1 9 8 3
```

⑫
```
  9 3 7 5
- 7 4 9 7
```

🐾 겹치는 부분의 길이를 구하세요.

1

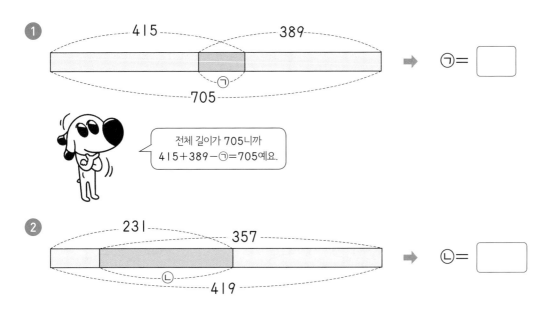

⇒ ㉠ = [ ]

전체 길이가 705니까
415 + 389 − ㉠ = 705예요.

2

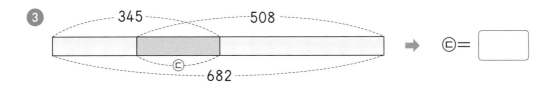

⇒ ㉡ = [ ]

3

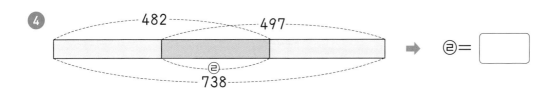

⇒ ㉢ = [ ]

4

⇒ ㉣ = [ ]

다람쥐는 받아내림을 한 횟수가 적힌 길을 따라가면 도토리 창고에 갈 수 있습니다. 받아내림한 횟수를 구해 갈 수 있는 도토리 창고에 ○표 하세요.

바쁜 3·4학년을 위한

3·4학년을 위한

빠른 빼셈

정답

스마트폰으로도 정답을 확인할 수 있어요!

맨날 노는데
수학 잘하는 너!
도대체 비결이
뭐야?

① 정답을 확인한 후 틀린 문제는 ☆표를 쳐 놓으세요~.

② 그런 다음 연습장에 틀린 문제를 옮겨 적으세요.

③ 그리고 그 문제들만 한 번 더 풀어 보세요.

시간은 얼마 걸리지 않아요. 그러나 이때 실력이 확 붙는 거예요.
아는 문제를 여러 번 다시 푸는 건 시간 낭비예요.
내가 틀린 문제만 모아서 풀면 아무리 바쁘더라도
수학 실력을 키울 수 있어요!

비결은
간단해!

01

01단계 Ⓐ
19쪽

① 33	② 41	③ 52
④ 30	⑤ 60	⑥ 80
⑦ 14	⑧ 34	⑨ 32
⑩ 54	⑪ 42	⑫ 23
⑬ 31	⑭ 15	⑮ 71

01단계 Ⓑ
20쪽

① 2	② 50	③ 53
④ 15	⑤ 16	⑥ 41
⑦ 17	⑧ 85	⑨ 13
⑩ 31	⑪ 22	⑫ 45
⑬ 43	⑭ 72	⑮ 64

01단계 도전! 땅 짚고 헤엄치는 문장제
21쪽

① 11일	② 34대
③ 53개	④ 45쪽

문장제 풀이

> ① 31−20=11(일)
>
> ② 57−23=34(대)
>
> ③ 68−15=53(개)
>
> ④ 76−31=45(쪽)

02

02단계 Ⓐ
23쪽

① 16	② 29	③ 17
④ 27	⑤ 19	⑥ 59
⑦ 15	⑧ 48	⑨ 46
⑩ 44	⑪ 28	

02단계 Ⓑ
24쪽

① 7	② 28	③ 77
④ 28	⑤ 13	⑥ 48
⑦ 39	⑧ 44	⑨ 35
⑩ 16	⑪ 59	⑫ 66

02단계 도전! 생각이 자라는 사고력 문제
25쪽

① >	② <	③ <	④ >
⑤ >	⑥ <	⑦ <	⑧ <
⑨ >	⑩ <		

사고력 풀이

• 같은 수에서는 더 작은 수를 뺄수록 계산 결과가 더 큽니다.

①
$$\begin{array}{c} 50-23=27 \\ \wedge \quad \vee \\ 50-25=25 \end{array}$$ ➡ 50−23 > 50−25

• 같은 수를 뺄 땐, 더 큰 수에서 뺄수록 계산 결과가 더 큽니다.

⑦
$$\begin{array}{c} 36-17=19 \\ \wedge \\ 40-17=23 \end{array}$$ ➡ 36−17 < 40−17

03단계 Ⓐ 　　　　　　　　　　　　27쪽

① 19 /

```
   3 1        →  2 6
 －  5          －  7
 ─────         ─────
   2 6          1 9
```

② 15 /

```
   5 2        →  2 4
 － 2 8          －  9
 ─────         ─────
   2 4          1 5
```

③ 28 /

```
   6 0        →  4 6
 － 1 4          － 1 8
 ─────         ─────
   4 6          2 8
```

④ 18 /

```
   7 3        →  5 5
 － 1 8          － 3 7
 ─────         ─────
   5 5          1 8
```

⑤ 19 /

```
   8 5        →  5 8
 － 2 7          － 3 9
 ─────         ─────
   5 8          1 9
```

⑥ 27 /

```
   9 1        →  5 5
 － 3 6          － 2 8
 ─────         ─────
   5 5          2 7
```

03단계 Ⓑ 　　　　　　　　　　　　28쪽

① 31－4－8＝ 19
　　27
　　　19

② 53－16－19＝ 18
　　37
　　　18

③ 61－25－17＝ 19
　　36
　　　19

④ 92－19－45＝ 28
　　73
　　　28

⑤ 70－18－26＝ 26
　　52
　　　26

⑥ 82－17－28＝ 37
　　65
　　　37

⑦ 90－26－49＝ 15
　　64
　　　15

03단계 도전! 생각이 자라는 사고력 문제 　　　　29쪽

① 36－9－10＝ 17
　　27
　　　17

9＋10＝ 19
36－ 19 ＝ 17

② 63－12－23＝ 28
　　51
　　　28

12＋23＝ 35
63－ 35 ＝ 28

③ 49－15－17＝ 17
　　34
　　　17

15＋17＝ 32
49－ 32 ＝ 17

④ 82－37－24＝ 21
　　45
　　　21

37＋24＝ 61
82－ 61 ＝ 21

사고력 풀이

가장 큰 수에서 나머지 두 수를 뺄 때는 세 수의 뺄셈으로 앞에서부터 순서대로 빼거나, 가장 큰 수에서 작은 두 수의 합을 빼서 구합니다.

① 가장 큰 수 36에서 나머지 두 수 9와 10을 차례로 빼면 36-9-10=27-10=17입니다.
가장 큰 수 36에서 작은 두 수의 합인
9+10=19를 빼면 36-19=17입니다.

04단계 Ⓐ   31쪽

① 5   ② 6   ③ 8
④ 3   ⑤ 8   ⑥ 0
⑦ 1   ⑧ 1   ⑨ 2
⑩ 6   ⑪ 8   ⑫ 9

04단계 Ⓑ   32쪽

①
```
    5 1
  - 3 5
  ─────
    1 6
```
②
```
    9 6
  - 6 9
  ─────
    2 7
```
③
```
    7 3
  - 1 8
  ─────
    5 5
```
④
```
    6 1
  - 2 8
  ─────
    3 3
```
⑤
```
    9 2
  - 1 7
  ─────
    7 5
```
⑥
```
    8 2
  - 3 5
  ─────
    4 7
```
⑦
```
    7 2
  - 1 8
  ─────
    5 4
```
⑧
```
    8 4
  - 3 6
  ─────
    4 8
```
⑨
```
    5 6
  - 2 7
  ─────
    2 9
```
⑩
```
    4 1
  - 2 7
  ─────
    1 4
```
⑪
```
    6 3
  - 3 7
  ─────
    2 6
```

04단계 도전! 생각이 자라는 사고력 문제   33쪽

①
```
    5 4
  - 2 5
  ─────
    2 9
```
②
```
    4 3
  - 1 7
  ─────
    3 6
```
③
```
    6 2
  - 2 4
  ─────
    3 8
```
④
```
    8 2
  - 4 5
  ─────
    3 7
```

사고력 풀이

① · 일의 자리 계산: 받아내림이 있으므로
$$10+\boxed{}-5=9, \boxed{}=4$$
· 십의 자리 계산: 5-1-2=2

② 일의 자리 계산: 13-7=6

③ 차의 일의 자리 숫자가 8인 두 수를 찾습니다.
· 2와 4인 경우 ➡ 62-24=38(○)
· 4와 6인 경우 ➡ 34-26=28(×)

④ 차의 일의 자리 숫자가 7인 두 수를 찾습니다.
· 2와 5인 경우 ➡ 82-45=37(○)
· 5와 8인 경우 ➡ 35-48(×)
                    25-48(×)

05단계 Ⓐ   35쪽

① 12 / 80   ② 38 / 93
③ 38 / 81   ④ 38 / 62
⑤ 19 / 72   ⑥ 16 / 57
⑦ 18 / 29

05단계 Ⓑ   36쪽

① 35 / 38   ② 63 / 29

③ 33 / 49   ④ 61 / 48

⑤ 94 / 46   ⑥ 23 / 80

⑦ 18 / 61

05단계 도전! 생각이 자라는 **사고력 문제**   37쪽

① 38, 91, 74, 121   ② 15, 92, 38, 75

③ 35, 26, 94, 77   ④ 92, 47, 35, 53

06단계 Ⓐ   39쪽

①
```
  6 5
-   4 0
    2 5
```
②
```
  9 8
-   2 4
    7 4
```
③
```
  9 7
-   1 4
    8 3
```
④
```
  7 6
-   3 5
    4 1
```
⑤
```
  8 6
-   3 4
    5 2
```
⑥
```
  9 7
-   5 6
    4 1
```

06단계 Ⓑ   40쪽

①
```
  7 6        7 6
+ 2 5      - 2 5
1 0 1        5 1
```
②
```
  9 5        9 5
+ 3 4      - 3 4
1 2 9        6 1
```
③
```
  8 7        8 7
+ 5 6      - 5 6
1 4 3        3 1
```
④
```
  9 8        9 8
+ 5 7      - 5 7
1 5 5        4 1
```

06단계 도전! 땅 짚고 헤엄치는 **문장제**   41쪽

① 36   ② 69   ③ 73

문장제 풀이

① • 둘째로 큰 수: 73
  • 둘째로 작은 수: 37
  ➡ 73−37=36

② • 둘째로 큰 수: 93
  • 둘째로 작은 수: 24
  ➡ 93−24=69

③ 혜수
가장 큰 수: 75
가장 작은 수: 23

진호
가장 큰 수: 96,
가장 작은 수: 24

두 수의 차가 가장 크려면 가장 큰 수에서 가장 작
은 수를 뺍니다.
➡ 96−23=73

07단계 종합 문제 42쪽

① 33   ② 50   ③ 50

④ 13   ⑤ 64   ⑥ 42

⑦ 34   ⑧ 6   ⑨ 55

⑩ 15   ⑪ 28   ⑫ 19

07단계 종합 문제 43쪽

① 4   ② 25   ③ 29

④ 39   ⑤ 16   ⑥ 44

⑦ 48   ⑧ 56   ⑨ 46

⑩ 29   ⑪ 29   ⑫ 7

⑬ 19

07단계 종합 문제 44쪽

①
$$\begin{array}{r} 8\ 7 \\ -\ 5\ \boxed{3} \\ \hline 3\ 4 \end{array}$$

②
$$\begin{array}{r} 5\ \boxed{1} \\ -\ 2\ 2 \\ \hline 2\ 9 \end{array}$$

③
$$\begin{array}{r} 4\ 1 \\ -\ \boxed{1}\ 5 \\ \hline 2\ 6 \end{array}$$

④
$$\begin{array}{r} \boxed{6}\ 7 \\ -\ 5\ \boxed{2} \\ \hline 1\ 5 \end{array}$$

⑤
$$\begin{array}{r} 9\ \boxed{0} \\ -\ 3\ 7 \\ \hline \boxed{5}\ 3 \end{array}$$

⑥
$$\begin{array}{r} \boxed{6}\ 1 \\ -\ 1\ \boxed{4} \\ \hline 4\ 7 \end{array}$$

⑦ 18   ⑧ 18   ⑨ 23

⑩ 18   ⑪ 71   ⑫ 53

07단계 종합 문제 45쪽

① 3 ⊠ 0 − 1 6 ⊠ = 1 4

② ⊠ 6 7 − 2 ⊠ 9 = 3 8

③ 7 2 ⊠ − ⊠ 5 7 = 1 5

④ 9 ⊠ 5 − 5 ⊠ 6 = 3 9

⑤ ⊠ 8 1 − 2 ⊠ 4 = 5 7

07단계 종합 문제 46쪽

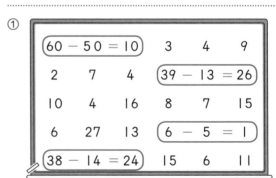

①
60 − 50 = 10	3	4	9
2	7	4	39 − 13 = 26
10	4	16	8	7	15
6	27	13	6 − 5 = 1
38 − 14 = 24	15	6	11

②
2	6	34 − 18 = 16	7
4	5	7	46 − 28 = 18
7	56 − 29 = 27	9	5
5	7	36 − 16 = 20	9
48 − 11 = 37	9	17	13

08단계 A
49쪽

① 221   ② 314   ③ 252

④ 405   ⑤ 280   ⑥ 441

⑦ 312   ⑧ 506   ⑨ 213

⑩ 222   ⑪ 631   ⑫ 733

08단계 B
50쪽

① 231   ② 413   ③ 142

④ 242   ⑤ 322   ⑥ 632

⑦ 121   ⑧ 321   ⑨ 564

⑩ 240   ⑪ 123

08단계 도전! 땅 짚고 헤엄치는 문장제
51쪽

① 141   ② 246대

③ 311 L   ④ 615

문장제 풀이

① $387-246=141$

② $398-152=246$(대)

③ $485-174=311$ (L)

④ $846>349>254>231$
   ➡ $846-231=615$

09단계 A
53쪽

① 245   ② 109   ③ 207

④ 173   ⑤ 329   ⑥ 223

⑦ 556   ⑧ 308   ⑨ 582

⑩ 782

09단계 B
54쪽

① 135   ② 325   ③ 129

④ 651   ⑤ 381   ⑥ 407

⑦ 523   ⑧ 474   ⑨ 146

⑩ 218

09단계 C
55쪽

① 339   ② 534   ③ 238

④ 492   ⑤ 519   ⑥ 682

⑦ 102   ⑧ 363   ⑨ 116

⑩ 645   ⑪ 217   ⑫ 273

09단계 도전! 땅 짚고 헤엄치는 문장제
56쪽

① 248 m   ② 62쪽

③ 55°   ④ 90°

문장제 풀이

① $576-328=248$ (m)

② $144-82=62$(쪽)

③ $180°-125°=55°$

④ $360°-270°=90°$

10

10단계 Ⓐ　　　　　　　　　　58쪽

① 159　② 378　③ 156
④ 254　⑤ 167　⑥ 552
⑦ 186　⑧ 477　⑨ 343
⑩ 178　⑪ 787

10단계 Ⓑ　　　　　　　　　　59쪽

① 95　② 184　③ 596
④ 637　⑤ 268　⑥ 159
⑦ 219　⑧ 347　⑨ 455
⑩ 489　⑪ 263　⑫ 466

10단계 Ⓒ　　　　　　　　　　60쪽

① 167　② 274　③ 379
④ 88　⑤ 388　⑥ 268
⑦ 77　⑧ 382　⑨ 265
⑩ 594　⑪ 458

10단계 Ⓓ　　　　　　　　　　61쪽

① 295　② 67　③ 476
④ 274　⑤ 795　⑥ 168
⑦ 199　⑧ 246　⑨ 456
⑩ 688　⑪ 166　⑫ 577

10단계 도전! 땅 짚고 헤엄치는 문장제　62쪽

① 77명　② 73개
③ 32쪽　④ 빨간색, 275 cm

문장제 풀이

① 575−498=77(명)
② 502−429=73(개)
③ 311−279=32(쪽)
④ 603 cm>328 cm
➡ 빨간색 끈이 603−328=275 (cm) 더 깁니다.

11

11단계 Ⓐ　　　　　　　　　　64쪽

① 394　② 596　③ 707
④ 293　⑤ 129　⑥ 35
⑦ 168　⑧ 581　⑨ 232
⑩ 351　⑪ 162　⑫ 311

11단계 **B** 65쪽

① 191	② 238	③ 347
④ 183	⑤ 276	⑥ 32
⑦ 709	⑧ 165	⑨ 678
⑩ 401	⑪ 333	

11단계 **C** 66쪽

① 109	② 126	③ 218
④ 386	⑤ 74	⑥ 51
⑦ 144	⑧ 122	⑨ 305
⑩ 167	⑪ 639	⑫ 448

11단계 생각이 자라는 사고력 문제 67쪽

①
134	910	500	900	176	376
	776	410	400	724	200
		366	10	324	524
			356	314	200
				42	114
					72

②
500	138	923	200	430	900
	362	785	723	230	470
		423	62	493	240
			361	431	253
				70	178
					108

12단계 **A** 69쪽

① 526−298=228
  300 2
  226
  228

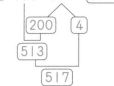

② 713−196=517
  200 4
  513
  517

③ 7/171, 7/178 ④ 3/225, 3/228

⑤ 5/514, 5/519 ⑥ 2/233, 2/235

⑦ 225 ⑧ 139

12단계 **B** 70쪽

① 644 − 495=149
   644+5   495+5
    ‖   ‖
   649 − 500
       149

② 827 − 398=429
   827+2   398+2
    ‖   ‖
   829 − 400
       429

③ 846, 300/546

④ 1, 1/474, 200/274

⑤ 2, 2/928, 200/728

⑥ 6, 6/716, 600/116

⑦ 646

⑧ 326

12단계 도전! 땅 짚고 헤엄치는 문장제 71쪽

① 139　　　② 320　　　③ 448

④ 같습니다.　　⑤ 같습니다.

문장제 풀이

- 빼는 수를 몇백보다 몇 작은 수로 생각하거나 몇백으로 만들어 계산합니다.
  ① 538−399=139
  ② 815−495=320
  ③ 642−194=448
- 빼지는 수와 빼는 수에 같은 수를 더해도 계산 결과는 같습니다.
  ④ 836−498=338, 838−500=338
    ➡ 두 값은 서로 같습니다.
  ⑤ 474−197=277, 477−200=277
    ➡ 두 값은 서로 같습니다.

13

13단계 Ⓐ 73쪽

① 89 /

② 89 /
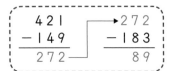

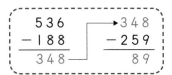

③ 169 /
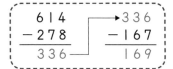

④ 169 /
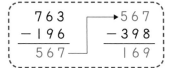

⑤ 87 /
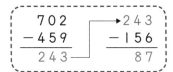

⑥ 188 /
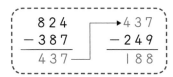

13단계 Ⓑ 74쪽

① 49 /
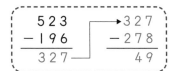

② 176 /
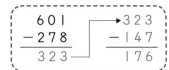

③ 78 /

④ 185 /
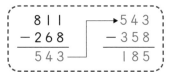

⑤ 479 /

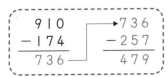

⑥ 184 /

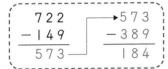

13단계 C

75쪽

① 420−49−192=179

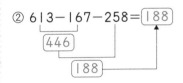

② 613−167−258=188
446
188

③ 855−298−258=299
557
299

④ 732−277−179=276
455
276

⑤ 504−169−156=179
335
179

⑥ 921−148−495=278
773
278

⑦ 800−478−147=175
322
175

13단계 도전! 땅 짚고 헤엄치는 문장제

76쪽

① 173명   ② 70개

③ 180쪽   ④ 428개

문장제 풀이

① 573−158−242=173(명)

② 714−349−295=70(개)

③ 435−120−135=180(쪽)

④ 830−167−235=428(개)

14단계 A

78쪽

① 156 / 156   ② 148 / 148

③ 439 / 439   ④ 375 / 375

⑤ 394 / 394   ⑥ 487 / 487

⑦ 259   ⑧ 177

⑨ 569   ⑩ 438

⑪ 140   ⑫ 478

14단계 B

79쪽

① 69 / 326, 69   ② 256 / 441, 256

③ 376   ④ 399

⑤ 149 / 345, 149   ⑥ 668 / 827, 668

⑦ 282   ⑧ 585

① 920, 126   ② 834, 78

③ 907, 329   ④ 711, 375

⑤ 1001, 283   ⑥ 1200, 664

⑦ 1302, 368

15단계 Ⓐ 82쪽

①
```
   3 9 [8]
 - 2 [7] 3
 ─────────
   1 2 5
```

②
```
 [6] 7 6
 - 3 6 3
 ─────────
   3 [1] 3
```

③
```
   5 3 9
 - [3] 2 0
 ─────────
   2 1 [9]
```

④
```
 [4] 8 8
 - 2 3 [6]
 ─────────
   2 5 2
```

⑤
```
   6 7 [9]
 - 5 5 6
 ─────────
 [1] 2 3
```

⑥
```
   8 [6] 8
 - [2] 1 1
 ─────────
   6 5 [7]
```

⑦
```
   9 2 [0]
 - 3 [6] 4
 ─────────
   5 5 6
```

⑧
```
 [7] 3 1
 - 4 8 7
 ─────────
   2 [4] 4
```

⑨
```
   4 0 6
 - [1] 2 9
 ─────────
   2 7 [7]
```

⑩
```
 [6] 4 3
 - 5 6 [9]
 ─────────
     7 4
```

⑪
```
   8 1 [2]
 - 6 5 8
 ─────────
 [1] 5 4
```

⑫
```
   5 [4] 5
 - 2 4 6
 ─────────
   2 9 [9]
```

15단계 Ⓑ 83쪽

①
```
   5 3 6
 - 1 [9] 2
 ─────────
 [3] 4 [4]
```

②
```
   7 2 [1]
 - 4 5 8
 ─────────
 [2] 6 [3]
```

③
```
   4 1 8
 - 2 6 [9]
 ─────────
 [1] 4 9
```

④
```
   2 9 4
 - [2] 6 8
 ─────────
   [2] 6
```

⑤
```
   8 [3] 2
 - 6 4 7
 ─────────
   1 8 [5]
```

⑥
```
   6 0 3
 - 1 [7] 4
 ─────────
 [4] 2 [9]
```

⑦
```
   9 3 [1]
 - 5 8 9
 ─────────
   3 [4] 2
```

⑧
```
 [5] 0 0
 - 1 3 2
 ─────────
   3 [6] [8]
```

⑨
```
   4 2 4
 - 2 4 [9]
 ─────────
 [1] 7 5
```

⑩
```
   3 6 0
 - [1] 8 9
 ─────────
   1 [7] [1]
```

⑪
```
   7 [1] 5
 - 2 4 6
 ─────────
 [4] 6 [9]
```

15단계 Ⓒ 84쪽

①
```
 [3] 8 1
 - 1 [2] 5
 ─────────
   2 5 [6]
```

②
```
 [6] 2 6
 - 4 [7] 8
 ─────────
   1 4 [8]
```

③
```
 [7] 3 4
 - 2 [6] 5
 ─────────
   4 6 [9]
```

④
```
   9 2 [8]
 - 5 [8] 6
 ─────────
 [3] 4 2
```

⑤
```
   5 3 [0]
 - 3 [4] 2
 ─────────
 [1] 8 8
```

⑥
```
   3 6 [4]
 - 1 [8] 9
 ─────────
 [1] 7 5
```

⑦
```
  6 1 5
- 1[1]8
─────
  4 9[7]
```

⑧
```
 [9]0 3
- 7[4]6
─────
  1 5[7]
```

⑨
```
 [8]4 2
- 4[5]4
─────
  3 8[8]
```

⑩
```
  7 1[2]
- 3[7]3
─────
 [3]3 9
```

15단계 도전! 생각이 자라는 사고력 문제　　　　85쪽

① 1 / 9　　　　② 2 / 6

③ 3 / 5　　　　④ 5 / 8

⑤ 6 / 7　　　　⑥ 4 / 7

사고력 풀이

① (세 자리 수)−(두 자리 수)의 계산 결과가 두 자리 수이므로 받아내림이 있습니다.

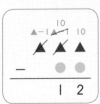

- 백의 자리 계산:
  ▲−1=0 ➡ ▲=1
- 일의 자리 계산:
  10+▲−●=2,
  10+1−●=2 ➡ ●=9

② 일의 자리와 십의 자리 계산이 모두 ▲−●로 같지만 계산 결과가 각각 6과 5로 서로 다르므로 받아내림이 있습니다.

- 백의 자리 계산:
  ▲−1=1 ➡ ▲=2
- 일의 자리 계산:
  10+▲−●=6,
  10+2−●=6 ➡ ●=6

16단계 종합 문제　　　　86쪽

① 323　　　② 236　　　③ 258

④ 278　　　⑤ 251　　　⑥ 272

⑦ 399　　　⑧ 235　　　⑨ 615

⑩ 375　　　⑪ 353　　　⑫ 675

16단계 종합 문제　　　　87쪽

① 107　　　② 387　　　③ 233

④ 327　　　⑤ 146　　　⑥ 143

⑦ 443　　　⑧ 277　　　⑨ 406

⑩ 110　　　⑪ 284　　　⑫ 250

⑬ 84

16단계 종합 문제　　　　88쪽

① 426　　　② 268　　　③ 570

④ 682　　　⑤ 159

⑥
```
  5 1[1]
- 1[8]5
─────
  3 2 6
```

⑦
```
  5 3 2
-[2]7 8
─────
  2 5[4]
```

⑧
```
 [3]9 3
- 2 6 6
─────
  1 2[7]
```

⑨
```
  4 7[0]
- 2[9]6
─────
  1 7 4
```

⑩
```
  8 5[3]
- 1 9 7
─────
 [6]5 6
```

⑪
```
 [6]4 1
- 3 9 5
─────
  2[4][6]
```

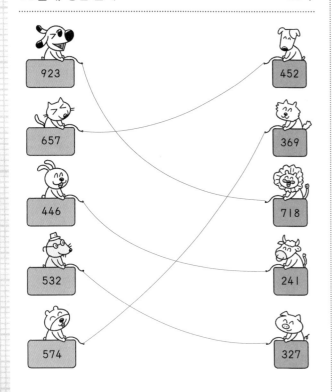

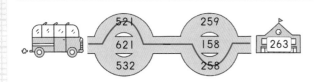

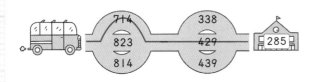

17

17단계 Ⓐ   93쪽

①
```
  7 4 1
- 1 4 7
  5 9 4
```

②
```
  8 6 3
- 3 6 8
  4 9 5
```

③
```
  9 5 2
- 2 5 9
  6 9 3
```

④
```
  6 5 3
- 3 5 6
  2 9 7
```

⑤
```
  8 7 2
- 2 7 8
  5 9 4
```

⑥
```
  9 8 3
- 3 8 9
  5 9 4
```

17단계 Ⓑ   94쪽

①
```
  8 4 1
- 1 0 4
  7 3 7
```

②
```
  9 8 2
- 1 2 8
  8 5 4
```

③
```
  9 7 2
- 2 0 7
  7 6 5
```

④
```
  8 6 4
- 2 4 6
  6 1 8
```

⑤
```
  9 7 6
- 5 6 7
  4 0 9
```

17단계 도전! 땅 짚고 헤엄치는 문장제   95쪽

① 297   ② 709   ③ 751

차가 가장 크려면 (가장 큰 수)−(가장 작은 수)를 구해야 합니다.

① 5>4>2이므로 가장 큰 수는 542, 가장 작은 수는 245입니다.
➡ 542−245=297

② 9>5>4>2이므로 가장 큰 수는 954, 가장 작은 수는 245입니다.
➡ 954−245=709

③ 8>7>4>3>2>1이므로 가장 큰 수는 874, 가장 작은 수는 123입니다.
➡ 874−123=751

④ 613−154+318=777
459
777
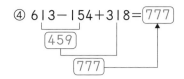

⑤ 335+255−122=468
590
468
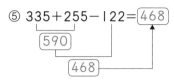

⑥ 472−259+247=460
213
460
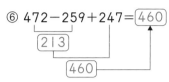

⑦ 547+124−236=435
671
435
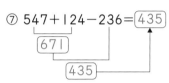

⑧ 385−248+455=592
137
592
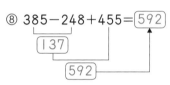

18단계 Ⓐ
97쪽

① 135+427−118=444
562
444
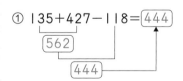

② 341−116+125=350
225
350
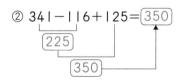

③ 238+393−454=177
631
177
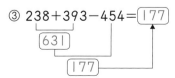

18단계 Ⓑ
98쪽

① 238/
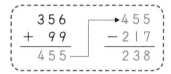

```
  3 5 6       4 5 5
+   9 9     − 2 1 7
  4 5 5       2 3 8
```

② 453/

```
  5 1 1       2 3 9
− 2 7 2     + 2 1 4
  2 3 9       4 5 3
```

③ 351/
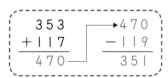

```
  3 5 3       4 7 0
+ 1 1 7     − 1 1 9
  4 7 0       3 5 1
```

④ 786 /

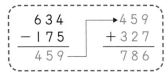

⑤ 355 /

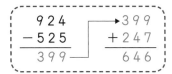

⑥ 646 /

```
  9 2 4        → 3 9 9
- 5 2 5        + 2 4 7
  3 9 9          6 4 6
```

18단계 도전! 생각이 자라는 **사고력 문제**　　99쪽

① 27, 17　　② 35, 25　　③ 48, 58

④ 52, 42　　⑤ 102, 112　　⑥ 35, 55

⑦ 210, 310

사고력 풀이

- 어떤 수에서 한 수를 더한 다음 더한 수보다 더 큰 수를 빼면 계산 결과는 어떤 수보다 작아지고, 더 작은 수를 빼면 계산 결과는 어떤 수보다 커집니다.

① $48 + \boxed{} - \boxed{} = 58$

$48 \boxed{<} 58$

➡ $48 + \boxed{27} - \boxed{17} = 58$

- 어떤 수에서 한 수를 뺀 다음 뺀 수보다 더 큰 수를 더하면 계산 결과는 어떤 수보다 커지고, 더 작은 수를 더하면 계산 결과는 어떤 수보다 작아집니다.

④ $120 - \boxed{} + \boxed{} = 110$

$120 \boxed{>} 110$

➡ $120 - \boxed{52} + \boxed{42} = 110$

19단계 Ⓐ　　101쪽

① 8, 88　　　② 1, 125

③ 46, 28　　　④ 124, 92

⑤ 73, 44　　　⑥ 55, 99

⑦ 99, 211　　⑧ 43, 45

19단계 Ⓑ　　102쪽

① 320, 80　　② 193, 118

③ 61, 64　　　④ 108, 510

⑤ 58, 34　　　⑥ 64, 82

⑦ 181, 55

19단계 도전! 땅 짚고 헤엄치는 **문장제**　　103쪽

① 110　　② 757　　③ 200　　④ 104

문장제 풀이

① $284 + \bullet = 394$, $\bullet = 394 - 284$ ➡ $\bullet = 110$

② $844 + \bullet = 931$, $\bullet = 931 - 844$ ➡ $\bullet = 87$
바르게 계산하면 $844 - \bullet = 844 - 87 = 757$입니다.

③ 어떤 수를 ●라 하여 잘못 계산한 식을 세웁니다.
$\bullet + 158 = 358$, $\bullet = 358 - 158$ ➡ $\bullet = 200$

④ 어떤 수를 ●라 하여 잘못 계산한 식을 세웁니다.
$\bullet + 321 = 746$, $\bullet = 746 - 321$ ➡ $\bullet = 425$
바르게 계산하면 $\bullet - 321 = 425 - 321 = 104$
입니다.

20단계 Ⓐ
105쪽

① 637   ② 751   ③ 802

④ 725   ⑤ 613   ⑥ 779

⑦ 743

20단계 Ⓑ
106쪽

① 843   ② 429   ③ 743

④ 346   ⑤ 806   ⑥ 548

⑦ 473   ⑧ 714

20단계 도전! 생각이 자라는 사고력 문제
107쪽

① 87, 174 / 306   ② 486, 283 / 873

③ 266, 185 / 549   ④ 434, 76 / 688

사고력 풀이

전체 길이는
❶ 각각의 길이를 더한 다음 겹친 길이를 빼거나
❷ 겹친 부분을 뺀 길이의 합에 겹친 부분의 길이를
   더해 구합니다.

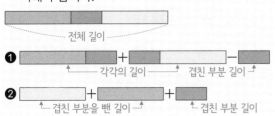

21단계 Ⓐ
109쪽

① 4634   ② 1202   ③ 3711

④ 5022   ⑤ 7060   ⑥ 4115

⑦ 3532   ⑧ 9644   ⑨ 7324

⑩ 9153   ⑪ 8114

21단계 Ⓑ
110쪽

① 3000   ② 4300   ③ 1110

④ 2127   ⑤ 2318   ⑥ 2322

⑦ 1326   ⑧ 6242   ⑨ 4234

⑩ 1770   ⑪ 6333   ⑫ 7431

21단계 도전! 땅 짚고 헤엄치는 문장제
111쪽

① 3111   ② 4000원

③ 6414개   ④ 1722명

문장제 풀이

① $8461 > 5896 > 5350$

  ➡ $8461 - 5350 = 3111$

② $6000 - 2000 = 4000$(원)

③ $7439 - 1025 = 6414$(개)

④ $4857 - 3135 = 1722$(명)

22

문장제 풀이

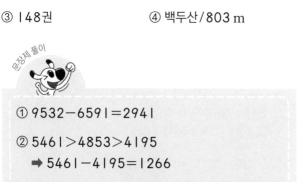

① 9532−6591=2941

② 5461＞4853＞4195
　➡ 5461−4195=1266

③ 1234−1086=148(권)

④ 2750−1947=803 (m)

23

문장제 풀이

① 7804−3319=4485

② 6500−4517=1983

③ 1000−740=260(원)

④ 5000−2480=2520(원)

24단계 종합 문제 120쪽

① 3415 ② 2261 ③ 4343

④ 1324 ⑤ 7183 ⑥ 3511

⑦ 2207 ⑧ 6668 ⑨ 4525

⑩ 5778 ⑪ 2898 ⑫ 3562

24단계 종합 문제 121쪽

① 8931 ② 3505 ③ 5388

④ 5532 ⑤ 1839 ⑥ 3815

⑦ 1135 ⑧ 788 ⑨ 3331

⑩ 4015 ⑪ 4153 ⑫ 3648

24단계 종합 문제 122쪽

① 2022 ② 623 ③ 1674

④ 2717 ⑤ 5857 ⑥ 2111

⑦ 2957 ⑧ 3536 ⑨ 1084

⑩ 1684 ⑪ 2644 ⑫ 1878

24단계 종합 문제 123쪽

① 99 ② 169 ③ 171 ④ 241

24단계 종합 문제 124쪽

뺄셈 훈련 끝!
여기까지 온 바빠 친구들!
정말 대단해요~.

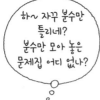

하~ 자꾸 분수만
틀리네?
분수만 모아 놓은
문제집 어디 없나?

이 책의 **26가지 질문**에
답할 수 있으면
3·4학년 분수 완성!

**개념
잡기**
26가지 호기심 질문으로 분수 개념을 잡는다!
개념을 그림으로 설명하니 이해가 쉽다!

**연산
훈련**
개념 확인 문제로 훈련하고 문장제로 마무리!
분수 개념 훈련부터 분수 연산까지 한 번에 해결!

**분수
총정리**
3·4학년에 흩어져 배우는 분수를 한 권으로 총정리!
모아서 정리하니 초등 분수의 기초가 잡힌다!

개념 이해부터
연산 훈련까지

결손 보강용   3·4학년용 '바빠 연산법'

덧셈

뺄셈

곱셈

나눗셈

바쁜 1·2학년용, 바쁜 5·6학년용, '바쁜 중1용도 있습니다.